AF338082

PROPOS
SCIENTIFIQUES

PAR

ÉMILE YUNG

PARIS
C. REINWALD
LIBRAIRE ÉDITEUR
15, rue des Saints-Pères

GENÈVE
R. BURKHARDT
LIBRAIRE
2, place du Molard

1890

PROPOS

SCIENTIFIQUES

TYPOGRAPHIE FIRMIN-DIDOT. — MESNIL (EURE).

PROPOS

SCIENTIFIQUES

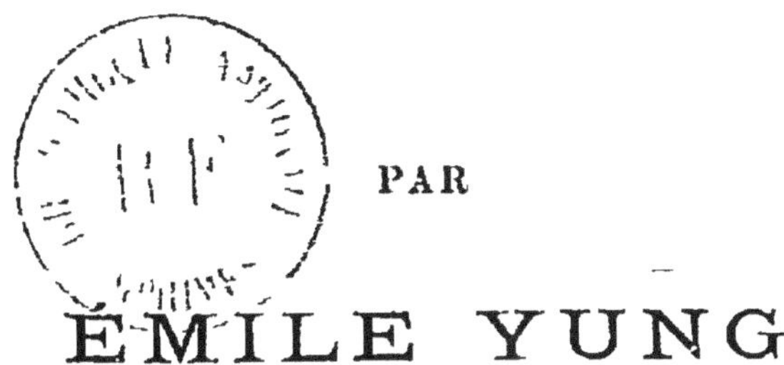

PAR

ÉMILE YUNG

PARIS | GENÈVE
C. REINWALD | R. BURKHARDT
LIBRAIRE ÉDITEUR | LIBRAIRE
15, rue des Saints-Pères | 2, place du Molard

1890

A MON AMI

M. LE DR ARNOLD LANG

PROFESSEUR DE ZOOLOGIE ET D'ANATOMIE COMPARÉE
A L'UNIVERSITÉ ET AU POLYTECHNICUM DE ZURICH.

Je dédie ce livre, en souvenir des heures délicieuses que nous avons passées ensemble sous le ciel napolitain et en témoignage de la communauté de nos goûts, de nos aspirations et de nos disciplines.

PROPOS
SCIENTIFIQUES.

I.

LA POUSSIÈRE DU CIEL

ANALYSE MICROGRAPHIQUE DE L'ATMOSPHÈRE.

Nous allons faire ensemble une expérience très simple, qui nous conduira par le raisonnement et l'imagination jusque dans les régions interplanétaires, dans l'infini des espaces cosmiques. Ne vous effrayez en aucune manière, il ne s'agit pas ici de voyage fantastique ; nous irons plus loin que la lune, il est vrai, nous toucherons à des substances extra-solaires, mais nous n'aurons besoin pour cela ni du canon colossal, ni du fameux boulet-maison rêvés par Jules Verne. Un bon microscope, quelques réactifs chimiques et un raisonnement sain nous suffiront.

C'est à la neige, si pure en apparence qui couvre nos campagnes, ou à celle plus pure encore qui tapisse les Hautes-Alpes, que nous voulons d'abord nous adresser. En plein hiver, ramassons la valeur de quelques litres de cette neige et renfermons-la dans un flacon parfaitement nettoyé; puis, une fois qu'elle aura fondu, divisons-la en deux parts à peu près égales. Évaporons lentement au bain-marie l'une de ces parts, laissons l'autre au repos pendant vingt-quatre heures. Il n'y a rien là de bien compliqué et vous allez voir que, sans autre artifice, nous ferons une constatation scientifique intéressante. C'est une erreur qui n'est plus permise à notre époque, et que démontre surabondamment l'histoire de la science, que de croire qu'il est nécessaire de s'entourer de signes cabalistiques, d'appareils biscornus, de réchauds mystérieux, pour forcer la nature à répondre aux questions que nous lui posons. Le premier venu peut faire d'heureuses trouvailles dans le champ immense de l'inconnu, à la condition qu'il soit observateur et qu'il ait la sagesse de ne rien voir, de ne rien entendre ou de ne rien sentir, sans en chercher l'explication. Peut-être ne trouvera-t-il pas immédiatement cette dernière, mais, dût-il ne la rencontrer qu'une fois sur dix, la satisfaction qu'il en éprouvera sera toujours suffisante pour le récompenser de ses efforts.

Revenons-en à notre neige, et observons attentivement les deux vases dans lesquels nous l'avons renfermée.

La neige en s'évaporant a abandonné un dépôt jaunâtre sur le fond du récipient. Une analyse chimique élémentaire nous y indiquera la présence d'un métal, le fer, que nous ne nous serions guère attendu à rencontrer dans la neige.

D'autre part, nous remarquerons sur le fond du second vase comme un nuage de poussière, dans lequel le microscope découvre une abondance de corpuscules divers. Ce sont des paillettes de charbon provenant de la fumée des villes, de petits grains de sable, des filaments de chanvre, de lin, de soie ou de laine de diverses couleurs, des fragments de cheveux, des poils emportés de moustaches naissantes. Ce sont encore des grains d'amidon, des parcelles de plumes, d'ailes d'insectes, des spores de champignons ou des organismes extrêmement petits, des germes étudiés avec persévérance et un grand succès par M. le D¹ Miquel, à l'observatoire de Montsouris. Enfin, et c'est sur quoi je veux insister en ce moment, nous trouverons assez fréquemment, au milieu de tous ces débris, de petits globules opaques, attirables par l'aimant et qui sont composés, en grande partie du moins, par du fer.

On s'étonne au premier abord de ce que la neige renferme tant de choses diverses. — Un instant de réflexion suffit cependant pour nous rendre compte du phénomène. L'atmosphère n'est nulle part tout à fait pure : les vents qui l'agitent sans cesse y dispersent à profusion les poussières continuellement engendrées par l'usure de la matière terrestre, et ces poussières, transportées par les courants ascendants, se rencontrent aussi bien — quoique en moindre quantité — dans les chalets alpestres et au sommet des montagnes que dans nos demeures et dans les villes de la plaine.

Or, je vous le demande, est-il possible d'imaginer, pour ramasser tous ces détritus flottant dans l'air, des balais plus délicats et plus sûrs que ces milliers et ces millions de flocons de glace qui tombent lentement des régions supérieures jusqu'au niveau des mers, nettoyant si parfaitement l'atmosphère que chacun sait à quel haut degré de transparence elle atteint après une chute prolongée de neige ?

Après avoir ainsi par deux fois noté la présence du fer dans la neige, poursuivons, si vous le voulez bien, notre recherche dans une autre direction. Montons sur les tours d'une cathédrale, dans quelque coin retiré d'un vieux bâtiment haut perché. La poussière n'y manquera pas, je vous l'assure ; il y en a partout des couches épaisses contre les murs du clocher, sur les poutres, etc. Choisissons un endroit où personne ne pénètre d'ordinaire et recueillons, au moyen d'un petit pinceau, ces vénérables débris accumulés par les siècles. Puis, afin de nous limiter dans notre étude, promenons tout de suite, à travers cette poussière, une aiguille aimantée; celle-ci ne manquera pas de retenir un bon nombre de particules, semblables à celles que d'heureuses circonstances nous auront permis de récolter dans la neige. Leur forme, leurs dimensions, sont les mêmes; leur composition est identique. Ces particules magnétiques sont aussi des globules de fer.

D'où peut donc provenir, sous une telle forme, ce métal si universellement répandu?

Avant de répondre à cette question, examinons ce qu'ont découvert ceux qui nous ont précédé dans cette voie, car ce n'est pas d'aujourd'hui que l'on analyse les eaux météoriques.

M. de Fonvielle prouvait naguère que Wolffhart, dit Lycosthène, savant alsacien qui fut diacre de l'église Saint-Léonard à Bâle, et le P. Kircher, l'inventeur de la lanterne magique, avaient connaissance de la présence du chlorhydrate d'ammoniaque dans les alluvions atmosphériques. C'est là un indice que la pluie, la neige, etc., avaient été l'objet de leurs observations, et nous savons maintenant quelle immense importance cette substance, si an-

ciennement signalée, a prise depuis que M. Schloe-
sing a presque créé une branche spéciale d'analyse
pour cette matière de haute portée.

En 1825, Brandes dosa, mois par mois, les substances chimiques contenues dans l'eau de pluie
tombée près de Salzuflen, en Allemagne. Il y constata, au dire d'Arago, la présence de matières
végéto-animales, du chlorure de magnésium, du
sulfate de magnésie, du carbonate de chaux, du
carbonate de potasse, de sels ammoniacaux, de
l'oxyde de manganèse et de l'oxyde de fer. Nous
insistons sur ce dernier corps, qui nous occupera
plus particulièrement.

En 1851, M. Barral, dans une série d'analyses
d'eaux de pluie recueillies à l'observatoire de Paris
dans le but d'y doser l'acide azotique dont la pré-
sènce était vivement contestée, fit la distillation
de 5 litres, 57 d'eau, qui lui donna un résidu sec,
jaunâtre, pesant 183 milligrammes (1), dans lequel
il constata la présence d'une substance insoluble
dans l'eau, l'alcool et l'éther, dans la proportion de
15 milligr., et dont la dissolution dans l'eau régale
lui donna toutes les réactions du fer. « La présence
de ce corps, en si forte proportion, nous eût fort
étonnés, dit-il, si nous n'eussions remarqué que les
feuilles de platine formant l'udomètre avaient été

______

(1) *C. R. de l'Académie des sciences*, t. XXXVI, p. 184.

coupées, martelées, puis soudées à l'or avec des instruments en fer, qui avaient pu céder quelques parcelles de ce métal, entraînées à la longue par la pluie à l'état d'oxyde. »

Nous verrons plus bas que ce fer pouvait avoir aussi une origine plus lointaine.

Je ne sache pas que le fer ait été dosé dans les eaux météoriques, il n'est pas mentionné dans les analyses. MM. Boussingault, Péligot, Bineau de Lyon et Marchand s'en sont tenus surtout aux dosages des gaz (1), des sels ammoniacaux, du chlorure de sodium, du sulfate de soude et des matières organiques.

Mais M. Gaston Tissandier et moi-même, nous avons, dans ces dernières années, souvent retrouvé ce métal dans la pluie et la neige.

En 1875 et 1876, j'ai fait quinze dosages de la matière solide contenue dans les neiges recueillies à différentes altitudes, à Montreux (425 mètres), aux Avants (979 mètres), et à l'hospice du Grand-Saint-Bernard (2490 mètres). Cette neige a toujours été recueillie dans les mêmes conditions, c'est-à-dire sur une surface aussi grande que possible, en ayant soin de n'y pas intéresser les couches inférieures, trop proches du sol, auquel elles auraient pu emprunter des substances étrangères, ni les couches

(1) Voy. le résumé de ces analyses dans le Dictionnaire de Wurtz, article : *L'eau.*

superficielles sales parfois de débris végétaux. Ces analyses portaient, par conséquent, sur une couche moyenne de neige, distante au moins de deux centimètres du sol et d'un centimètre de la surface, couche que l'on peut considérer comme ne renfermant, en fait de matières minérales, que ce qu'elle a ramassé en tombant à travers l'atmosphère. D'ailleurs, dans la plupart des cas, il s'agissait de neige tout à fait fraîche. Recueillie dans des ballons de verre, elle était évaporée dans une capsule de porcelaine, dont des essais préalables nous avaient permis l'emploi, l'acide chlorhydrique bouillant n'y ayant jamais, même à la longue, dissous trace de fer. (Voir ci-contre, sous forme de tableau, les résultats de ces dosages.)

Il résulte de ce tableau que, conformément à ce qu'il était permis de prévoir, la neige recueillie à Montreux est plus riche en matières solides que celle des Avants situés 550 mètres plus haut; le dosage du 18 mars, portant sur de la neige recueillie le même jour dans ces deux localités, montre bien ce rapport.

Les résidus laissés par la neige après évaporation furent dissous dans l'eau distillée qui entraîna les chlorures, puis dans l'acide chlorhydrique pur. Chez quelques-uns d'entre eux, l'addition de cet acide provoqua une légère effervescence décelant

DATES.	LIEUX.	QUANTITÉ DE MATIÈRES SOLIDES PAR LITRE..	OBSERVATIONS.
		Milligr.	
13 Février 1875.	Les Avants.	25	
?	Montreux.	104	
7 Mars 1875.	Les Avants.	17,6.	
5 Octobre 1875.	Hosp. du St-Bernard.	70.	Neige en petite quantité, résultat douteux, forte réaction de fer.
21 Novembre 1875.	Montreux.	100.	
20 Novembre 1875.	Montreux.	87,5.	Grésil tombé en abondance, présence de carbonates; la proportion plus faible que dans la précédente, s'explique par le fait que le grésil balaie moins bien que la neige.
5 Décembre 1875.	Chamossal.	16,6.	Présence du fer en très faible proportion.
12 Décembre 1875.	Montreux.	83,2.	Il n'était pas tombé d'eau depuis 8 jours.
14 Janvier 1876.	Hosp. du St-Bernard.	60.	Évaporée. elle ne donne point de cristaux d'ammoniaque. Après quelques jours, elle fourmille d'infusoires inférieurs.
5 Février 1876.	Montreux.	50.	Il faut remarquer qu'un epais brouillard avait séjourné sur Montreux depuis une longue série de jours. La réaction du fer est peu sensible.
17 Février 1876.	Hosp. du St-Bernard.	40.	
18 Mars 1876.	Montreux.	92,8.	Présence de chlorure très sensible.
19 Mars 1876.	Montreux.	35,6.	Présence de chlorure. La proportion relativement faible s'explique par la neige tombée la veille.
18 Mars 1876.	Les Avants.	42,8.	
24 Mars 1876.	Hosp. du St-Bernard.	36,8.	

la présence de carbonates, mais dans tous les cas le même acide a dissous du fer, facilement mis en évidence au moyen du sulfocyanure de potassium.

Nous avons opéré depuis lors sur des sédiments recueillis à toutes les altitudes et, quoique n'ayant pas toujours été aussi heureux, nous avons cependant pu nous convaincre que, même sur les hautes cimes, la neige fraîche renferme du fer, qu'elle doit nécessairement entraîner dans sa chute à travers les couches d'air.

Quant à la forme sous laquelle se rencontre ce métal, elle varie beaucoup. Nous remarquerons presque toujours cependant, parmi les corpuscules figurés qui tombent sur le fond d'un vase renfermant de la neige fondue, un certain nombre d'entre eux présentant une forme sphérique parfaitement définie. Ce sont ces derniers, de véritables petits globules, surmontés parfois d'une légère boursoufflure, ou de très petits mamelons, qui sont surtout importants à considérer pour l'explication de leur origine. Nous avons reconnu leur existence dans les eaux de pluie récoltées au pluviomètre de l'Hospice du Grand-Saint-Bernard, ainsi que dans la neige fraîche recueillie auprès de cet établissement pendant le mois de décembre 1884, lors d'un séjour que nous y fîmes en plein hiver, précisément dans le but d'étudier les poussières de la neige.

Nous avons retrouvé les mêmes globules caractéristiques, dont quelques-uns ressemblent à de petites bombes volcaniques, au sein de poussières recueillies un peu partout dans les clochers d'église à Lausanne, Genève, Montreux, Paris, Londres, Rome, Naples, Varsovie, Samara sur le Volga, etc. D'ailleurs, nous n'avons pas eu de peine à reconnaître leur parfaite similitude avec ceux recueillis avant nous par Ehrenberg, Gaston Tissandier et d'autres auteurs, qui avaient appelé l'attention des savants sur certaines pluies extraordinaires de poussières.

M. G. Tissandier a trouvé des globules attirables à l'aimant dans toutes les poussières atmosphériques qu'il a examinées, dans le sédiment de la neige des Alpes prélevée par son frère, M. Albert Tissandier, lors de son ascension du Mont-Blanc en 1874, au col des Fours, à 2710 mètres d'altitude; dans les sédiments de pluies recueillies pendant plusieurs mois à l'Observatoire météorologique de Sainte-Marie-du-Mont (Manche), au milieu de vastes herbages et non loin du voisinage de la mer, enfin dans plus de quarante échantillons de poussières aériennes recueillis dans des localités diverses et sur des monuments élevés (1).

Or, tout en convenant qu'une partie du fer cons-

(1) Gaston Tissandier, *Les Poussières de l'air*, Paris, 1877, et *C. R. de l'Académie des sciences de Paris*, t. LXXVII, p. 821, et t. LXXXI, p. 576.

taté dans les sédiments atmosphériques peut reconnaître une origine terrestre, il nous paraît difficile de contester qu'une autre partie doit être attribuée à la chute continue de poussières cosmiques. Ce sont des aérolithes microscopiques, des fragments de météorites, des débris de mondes flottant dans les espaces interplanétaires. Notre terre, dans sa marche, les ramasse pour ainsi dire et, une fois entrés dans sa sphère d'attraction, ils tombent dans l'atmosphère à la manière de minuscules étoiles filantes.

L'idée première d'attribuer le fer répandu en poussière dans l'air atmosphérique à une chute de poussières cosmiques appartient, croyons-nous, au grand micrographe Ehrenberg (1). Après avoir analysé sous le microscope plusieurs poussières tombées en pleine mer sur des vaisseaux, soit à l'île de Malte, soit dans l'océan Indien (poussières recueillies par Darwin), ce savant leur attribua d'abord une origine africaine ; mais ayant constaté la différence de couleur entre les poussières de Malte et du Cap-Vert qui sont orangées et le sable d'une blancheur éblouissante qui recouvre le Sahara ; se basant, d'autre part, sur la grande distance géographique qui sépare les lieux où ces poussières furent observées, ainsi que sur leur couleur rougeâtre décelant la présence

(1) *Frorieps Notizen*, n° 802, février 1845.

d'une grande quantité d'oxyde de fer, Ehrenberg émit l'hypothèse « qu'elles pourraient bien être soutenues dans les couches supérieures, d'où des causes particulières en détermineraient la chute » (1).

Plus tard, en 1859, le même savant eut l'occasion d'étudier une poussière recueillie par un navire au sud de Java, dans la mer des Indes. Ehrenberg reconnut qu'elle était due à des gouttelettes solides et creuses, analogues à de petites larmes bataviques composées de fer métallique et d'oxydule de fer. Il les considéra comme des parcelles détachées d'une masse météorique, rendue incandescente par son frottement contre les couches aériennes.

Arago était d'ailleurs arrivé aux mêmes conjectures :

« L'observation attentive des chutes de poussières, dit-il dans son *Astronomie populaire* (2), fait présumer qu'elles ne diffèrent pas essentiellement des chutes d'aérolithes ordinaires. Quelquefois elles ont été accompagnées de chutes de pierres, comme aussi d'un météore de feu. Les poussières paraissent contenir à peu près les mêmes substances que les pierres météoriques. Il semble qu'il n'y a d'autres différences que dans la rapidité avec laquelle

(1) Voy. *Archives des sciences physiques et naturelles*, t. II, 1846.

(2) François Arago, *Astronomie populaire*. Nouvelle édition, t. IV, p. 208.

ces amas de matière chaotique dispersés dans l'univers arrivent dans notre atmosphère. Probablement dans la poussière rouge et noire, l'oxyde de fer est la principale matière colorante. »

Le célèbre explorateur des régions polaires, M. Nordenskiöld, a fait connaître plusieurs faits favorables à cette manière de voir. Dans une lettre à M. Daubrée en date du 9 septembre 1872, il annonce qu'il a trouvé dans une analyse de neige, pratiquée avec toutes les précautions nécessaires, des particules noires comme la suie, contenant, avec une matière organique, de très petites paillettes de fer métallique. Pensant que cette poussière pouvait provenir des cheminées de Stockholm, M. Nordenskiöld pria son frère, qui habitait une région assez déserte de l'intérieur de la Finlande, de lui recueillir de la neige, et il y reconnut les mêmes particules qui, triturées dans un mortier d'agate, furent reconnues pour être du fer métallique. M. Nordenskiold répéta ses observations au Spitzberg : il remarqua à la surface de la glace et à quelques centimètres plus bas la présence d'une poussière grise, mêlée à de petits grains magnétiques qui n'étaient autres que du fer entouré d'oxyde. « Cette observation, ajoute-t-il, me paraît prouver que la neige et la pluie amènent des poussières cosmiques en petite quantité (1). »

(1) *C. R. de l'Académie des Sciences de Paris,* t. LXXVII, et LXXVIII, p. 463 et 236.

L'année suivante, en 1874, le même savant revint sur cette question d'une manière plus affirmative encore. Il donna une analyse plus complète de la neige ramassée par lui sur l'Inlandsis, mer de glace intérieure du Groënland ; il y trouva une matière métallique, mais la quantité dont il en disposa était trop minime pour qu'il pût être question d'une analyse quantitative. Cependant, après avoir dissout cette poussière dans l'eau régale et avoir précipité les métaux de la dissolution, il s'assura qu'elle renfermait, outre le fer, du nickel et du cobalt. Ces deux derniers métaux sont également associés au fer dans toutes les météorites, en sorte que leur présence au sein de la poussière des glaces polaires venait appuyer l'hypothèse d'une origine extra-terrestre de ces poussières. En somme, M. Nordenskiold accepta comme prouvée l'existence « d'une poussière cosmique, tombant imperceptiblement et continuellement ».

Peu à peu, les preuves en faveur de cette conjecture se multiplièrent si bien qu'aucun doute ne put subsister. M. Gaston Tissandier, après avoir minutieusement décrit les formes des globules métalliques, réussit à en faire l'analyse, puis la synthèse. Il en recueillit, pendant plus d'une année, jusqu'à 124 milligrammes, quantité suffisante pour mettre nettement en évidence l'association du nickel au fer. D'autre part, il gratta, à l'aide d'une lame d'acier, la croûte noirâtre recouvrant une masse de fer météorique tombée en 1847 en Bohême et retrouva, parmi les fragments pulvérulents ainsi détachés, des globules en tout semblables à ceux que nous avons décrits plus haut. Enfin, il démontra que des parcelles de fer prennent, en brûlant, la forme sphérique; il fit tomber, à travers une flamme d'hydrogène, de la limaille de fer extrêmement fine, puis l'examinant ensuite au microscope, il constata qu'ainsi brûlées, les particules de la limaille ont pris la forme de petites sphères, de même que la poussière tombant d'un briquet à pierre, ou celle qui éclate dans toutes les directions lorsqu'on brûle un fil de fer dans le gaz oxygène, ou encore lorsque quelque bolide se brise dans les régions supérieures de l'atmosphère. La traînée lumineuse, laissée par ces corps errants, ne serait autre que cette poussière à l'état d'incandescence.

Je n'insisterai pas davantage sur l'historique de la question. Comme nous l'exposions en commençant, il s'agit d'expériences qu'il est extrêmement facile de répéter, expériences qui conduisent à admettre une chute continue d'aérolithes de très petites dimensions, véritable poussière céleste, continuellement entretenue et sans cesse renouvelée par la pulvérisation des météorites circulant dans l'espace. Nous ajouterons, en résumé, que la forme des éléments constitutifs de cette poussière et leur présence jusque dans les régions élevées de l'atmosphère ne permet pas de leur attribuer une origine terrestre. On ne conçoit guère comment les vents pourraient soulever jusqu'à plus de deux kilomètres d'altitude des corpuscules de la densité du fer. D'ailleurs, l'analyse spectrale de la lumière des aurores boréales faite par MM. Parent et Wykander a prouvé que son spectre est analogue à celui de la partie inférieure d'une flamme de bougie et indique, par là. la présence de petits corps solides dans les hauteurs où se produit le phénomène des aurores.

Cependant, il faut reconnaître que la constatation de l'existence de la poussière cosmique ne suffit pas. Il est à présumer que les particules métalliques doivent se rencontrer en plus grande abondance dans notre atmosphère à la suite des pluies d'étoiles filantes des mois d'août et de novembre, mais nous n'en possédons jusqu'ici aucune confirmation. Nous ne savons pas recueillir, dans des conditions absolument semblables, des quantités suffisantes de poussière cosmique pour en pratiquer des dosages comparatifs. Il faudrait pour cela s'établir au sommet d'une montagne, bien loin des lieux industriels, et laver des volumes considérables d'air ou recueillir de grandes quantités de neige et de pluie. Une telle étude contribuerait sans aucun doute à la solution de plusieurs problèmes relatifs à la physique du globe. Les espaces interplanétaires ne sont pas purs de tous matériaux solides et, puisqu'il y flotte des particules métalliques très ténues, quel est le rôle de ces particules? Dans quelle mesure par exemple contribuent-elles à la dispersion de la lumière, à l'augmentation de la masse terrestre? Leur quantité, toute minime qu'elle soit dans un petit espace, n'est assurément pas négligeable, si nous l'envisageons à la longue et sur la surface entière de notre globe. Peut-être même est-elle suffisante, comme l'a fort bien fait voir M. Ch. Dufour, pour expliquer l'accélération séculaire des mouvements de la lune. Le point difficile mais non insoluble est, nous le répétons, de recueillir suffisamment de cette poussière pour la doser avec précision.

II.

LE SOLEIL ET LA VIE.

Nous sommes habitués aujourd'hui à considérer le soleil comme la source principale de la force qui se manifeste, sous mille aspects divers, à la surface de notre globe. Il est incontestable, en effet, que remontant aussi loin qu'il nous est donné de le faire, de causes prochaines en causes prochaines, vers l'origine de la puissance mécanique qui se dépense sans cesse au sein de notre système solaire, nous rencontrons toujours l'astre radieux autour duquel gravitent la terre et les planètes ses sœurs. Il est le point de départ de l'énergie dont nous n'utilisons que de minimes parcelles. Chaleur, lumière, électricité, magnétisme, courants d'eau et courants d'air, reconnaissent tous cette origine supérieure. Or, si nous envisageons la force vitale qui se révèle au sein de la matière organique comme une forme particulière de la force universelle, — et c'est là une tendance très accusée de nos jours parmi les physiologistes, — n'est-il pas vraisemblable que nous la devons également au soleil ?

La matière vivante élémentaire, le *protoplasma*, comme on la nomme, n'est assurément pas une créatrice de force, pas plus qu'aucune autre matière dans le monde; elle ne fait que transformer des mouvements purement physiques, les vibrations de l'éther, la lumière, la chaleur, etc., en d'autres mouvements, réactions chimiques, phénomènes de croissance (nutrition) ou de division (reproduction), qui caractérisent tout être qui vit. Et de même que dans une machine à vapeur, nous ne recueillons finalement que de la force solaire transformée; ce sont encore des rayons solaires modifiés, métamorphosés, qui animent la cellule animale ou végétale. La substance organique constituant celle-ci devient, de la sorte, le dépositaire d'une fraction plus ou moins considérable de la force universelle; elle y demeure cachée, à l'état latent, après la mort. Les mines de houille ne sont-elles pas d'énormes dépôts de force solaire emmagasinée depuis des siècles dans les tissus de plantes aujourd'hui fossilisées?

Il est vrai que nous ne possédons pas actuellement les documents nécessaires pour calculer l'équivalent mécanique de la vie, mais quelques investigateurs habiles ont institué des recherches dans cette direction et, si lointain que nous paraisse encore le but, il est permis de présumer qu'il sera atteint un jour.

Il y a donc une grande part de vérité dans la croyance populaire que la vie active exige la lumière, aussi bien que le sommeil, cette image de la mort, réclame l'obscurité. Cette croyance est confirmée par toutes les découvertes de la science contemporaine.

« Tout ce qu'il y a de vie et de mouvement sur la terre, écrit l'illustre physicien et physiologiste Helmholtz, se maintient grâce à une seule force, à l'énergie des rayons solaires qui nous versent la chaleur et la lumière. »

D'autre part, l'un des premiers physiciens de notre époque, le professeur Tyndall, de Londres, s'est efforcé de démontrer que la chaleur de nos corps et tous les efforts mécaniques que nous exerçons descendent en ligne directe du soleil.

« La lutte de deux boxeurs, dit-il, les mouvements d'une armée, l'élévation de son propre corps sur les pentes d'une montagne par un touriste alpin sont des cas d'énergie mécanique dérivée du soleil. Toutes les forces terrestres, toutes les manifestations de la vie ne sont que des modulations de la même mélodie céleste. C'est ainsi que nous sommes, non plus au sens poétique, mais dans un sens purement mécanique, les enfants du soleil. »

Pour l'immense majorité des plantes, la lumière est indispensable ; elles ne se nourrissent vraiment, elles n'assimilent le carbone, leur base matérielle, que pendant le jour. Une lumière continue accélère leur développement ; tel, par exemple, le blé qui, sous l'influence des longues périodes lumineuses des régions boréales, mûrit en 90 à 100 jours ; tandis que dans nos contrées, il lui faut en moyenne de 130 à 140 jours. Telles encore, les plantes des régions élevées des montagnes, où la lumière est plus intense que dans le fond des vallées et qui, à température égale, fleurissent plus rapidement. Chez l'animal, la lumière active dans une large mesure la respiration et les sécrétions cutanées. Répandue à grands flots, elle est un des facteurs de la santé. Vivre au grand air et en pleine lumière est un antique précepte de l'hygiène. L'homme privé de lumière s'étiole et s'anémie, à peu près comme la plante. Voyez le pauvre mineur pâle et mélancolique ! Au printemps, époque de la renaissance de la lumière, ne nous sentons-nous pas plus de vie, plus d'enthousiasme, plus d'élan pour réaliser nos plus nobles ambitions ? Le besoin de lumière est instinctif en nous. L'enfant lui sourit à son berceau, le vieillard la recherche à son lit de mort. Rappelez-vous Goethe mourant et l'observation suivante, moins connue, du professeur Preyer, d'Iéna, sur son petit enfant : « Bien avant la fin du premier jour, l'expression de l'enfant, tenu le visage contre la fenêtre, devenait de suite tout autre, lorsque je mettais ma main devant ses yeux. La lumière crépusculaire lui faisait certainement une impression, et à en juger par sa physionomie, cette impression était assurément agréable; car, lorsque je mettais ma main devant son visage, l'expression en était moins satisfaisante. »

Cependant, l'étude des relations établies entre les radiations solaires et les manifestations vitales, n'est pas aussi simple qu'elle le paraît au premier abord. Nous allons nous en convaincre.

Remarquons tout de suite que le mot *lumière* ne possède dans le langage ordinaire qu'une signification subjective. En dehors de la conscience des animaux, la lumière se réduit à des mouvements ondulatoires, mouvements de l'éther, vibrations moléculaires des éléments du tissu nerveux sensitif, ébranlement du centre optique du cerveau. Mais dans un rayon de soleil, quelques-unes seulement des ondulations éthérées sont susceptibles de produire en nous la sensation consciente de la lumière; et pourtant les autres, celles qui demeurent obscures pour notre œil, doivent être prises en considération. Nous ne pouvons pas les négliger dans une étude comme celle-ci, sous le simple prétexte que nous ne les voyons pas; car, enfin, elles existent, elles agissent.

De même que notre oreille est sourde pour tous les sons qui résultent d'un nombre-de vibrations aériennes inférieur ou supérieur à certaines limites connues des physiciens, notre œil a ses limites de perception de la lumière. Il demeure aveugle pour une foule de vibrations de l'éther, capables d'actions mécaniques particulières sur certaines substances appropriées, et qui sont perçues peut-être, comme lumière, par d'autres yeux et d'autres cerveaux que les nôtres. Nous ne connaissons physiquement du monde que ce que nos sens nous en apprennent. Certains concerts, qui ravissent sans doute tel oiseau ou tel insecte par exemple, sont ignorés de nous, et aussi des effets de lumière, des jeux de couleurs. Que pouvons-nous savoir du sixième organe des sens reconnu chez les animaux aquatiques, puisque nous ne le possédons pas?

Répétons la vieille expérience de Newton, faisons passer un pinceau de lumière blanche à travers un prisme de verre. Le rayon se décompose et nous obtenons, à la place, un ruban, le long duquel les sept couleurs fondamentales qui, combinées les unes avec les autres constituent la lumière blanche, se succèdent de gauche à droite dans l'ordre suivant : rouge, orangé, jaune, vert, bleu, indigo, violet. C'est là le spectre des physiciens, les sept couleurs de l'arc-en-ciel, visibles pour quiconque possède une vue normale. Il est vrai encore que si certaines

personnes possèdent un clavier de sensations sono-
res plus étendu que d'autres, leur permettant d'entendre des sons très aigus ou très bas qui restent
non perçus par la plupart des oreilles humaines, il
est des gens qui voient plus loin que le violet dans
le spectre. On a observé quelques individus qui
voyaient « comme du gris » au delà du violet.

L'activité d'un rayon de soleil ne s'épuise donc
pas dans la région lumineuse du spectre. Elle se
manifeste sur sa gauche en dehors du rouge, dans
l'*infra-rouge* comme on appelle cette région, sous
forme de chaleur, et sur la droite dans l'*ultra-violet*,
par son action réductrice des substances photographiques, les sels d'argent par exemple. Il s'agit,
par conséquent, de reconnaître, dans un rayon de
soleil brisé par le prisme, trois catégories de vibrations, qui ne se distinguent que par leur étendue.
Les unes sont susceptibles de dilater la colonne
de mercure d'un thermomètre, les secondes, im-
pressionnent notre œil et les dernières sont capables
de décomposer la matière chimique déposée sur un
papier de photographie.

Il est facile d'ailleurs de transformer les rayons
obscurs de l'infra-rouge en rayons lumineux : il suffit de les concentrer sur un fil métallique, qui ne
tarde pas à rougir; quant aux rayons de l'ultra-
violet, les substances fluorescentes, telles que le
verre d'urane ou le sulfate de quinine, deviennent

lumineuses sous leur action et nous démontrent d'une façon brillante leur existence.

Sir John Lubbock, après avoir constaté que certaines fourmis (*Formica fusca*) fuient la lumière, et recherchent l'obscurité, du moins pendant qu'elles sont dans leur nid, s'est convaincu, par des expériences fort bien conduites, que le malaise dont ces insectes témoignent est moins intense dans la lumière rouge que dans la lumière violette. Les fourmis fuient le violet avec un ensemble parfait. Dans un vase éclairé par des verres violet et rouge, elles se réfugient toujours sous le rouge. Mais il paraît qu'elles fuient également les radiations ultra-violettes, elles les distinguent absolument de l'obscurité, ce que nous ne savons pas faire. Un observateur passionné des fourmis, notre savant compatriote M. Auguste Forel, a prouvé en outre que ce sont bien les yeux qui leur servent à percevoir l'ultra-violet : une fourmi à qui l'on bouche les yeux, en y appliquant un vernis opaque, ne fuit plus l'ultra-violet.

Du reste, le cas des fourmis n'est pas unique. Les daphnies, parmi les crustacés, ces charmantes petites « puces d'eau » qui pullulent en été dans les eaux de nos marais; les salamandres d'eau douce parmi les animaux vertébrés, témoignent aussi, par la fuite, de la sensation désagréable qu'elles éprouvent dans la lumière ultra-violette. Il en est de même encore du ver de terre, quoique cet animal soit dépourvu d'yeux, ce qui ne l'empêche pas d'être impressionné par la lumière ordinaire, comme c'est le cas également de plusieurs myriapodes aveugles, d'après les expériences très curieuses et toutes récentes de M. Félix Plateau.

Si l'on n'a pas jusqu'ici — à ma connaissance du moins — signalé d'animaux pouvant voir, par les yeux, les radiations de l'infra-rouge spectral, des observations sans nombre démontrent le rôle capital qu'elles jouent dans les phénomènes vitaux en général.

On parvient à les isoler de leurs congénères en faisant passer un rayon de soleil à travers une solution d'iode dans le sulfure de carbone ; ce dernier intercepte complètement les radiations ultra-violettes pendant que l'iode retient toutes les radiations lumineuses. Une plante exposée dans une chambre où ne pénètrent que les rayons infra-rouges, et qui par conséquent nous paraîtrait parfaitement obscure, ne s'étiole nullement, elle y prospère ; les spores et les graines y germent à l'exception de celles des mousses et des hépatiques, qui exigent toujours une certaine quantité de rayons lumineux, proprement dits. Mais on sait qu'à eux seuls, ces derniers exercent une singulière action retardatrice sur la croissance de certains végétaux. Quelques tiges s'accroissent plus rapidement à l'obscurité qu'à la lumière ; la différénce en faveur de l'obscurité est d'un tiers pour le cresson et de moitié chez la vesce. Le corps tout entier des thallophytes (algues et champignons) demeure plus court à la lumière blanche qu'à l'obscurité.

Ce sont là des faits qui semblent contradictoires, à cause de l'erreur que nous commettons sans cesse en confondant l'influence générale du soleil avec celle des seuls rayons visibles pour notre œil borné. Dans cette transformation admirable et si mystérieuse encore pour nous de la force solaire en force de vie, toutes les radiations jouent un rôle. Comme autant d'ouvriers distincts, ces ondes d'amplitudes et d'intensités différentes se divisent le travail, les unes favorisant telle ou telle fonction chez les êtres, les autres la paralysant ou y demeurant indifférentes. Mais, dans leur ensemble, chaleur, lumière, radiations chimiques, sont aussi indispensables à la vie qu'à la fusion, à la cristallisation et aux combinaisons diverses des corps minéraux. La science a pour tâche de préciser les effets de ces forces dans chaque cas particulier.

Les naturalistes s'efforçaient autrefois, à l'exemple de Linné, de mettre en relief les différences pouvant exister entre les plantes et les animaux, afin de motiver l'institution de deux règnes distincts, opposés en quelque sorte l'un à l'autre. Ils avaient tort. L'étude approfondie des fonctions physiolo-

giques chez les représentants de ces deux règnes
a montré que des différences essentielles entre eux
n'existent pas. Les principales manifestations vitales sont identiques chez la plante et chez l'animal.
Au lieu d'une opposition de nature, on n'a constaté
entre eux qu'une parenté intime.

Le mouvement et la sensibilité — celle-ci n'étant
d'ailleurs appréciée objectivement que par le mouvement — étaient donnés comme attributs exclu-
sifs aux animaux, de même que la propriété de
produire sans cesse par la respiration du gaz acide
carbonique. Ouvrez un ancien ouvrage quelconque
de botanique, vous y trouverez soigneusement énu-
mérées, dès les premières pages, ces distinctions
et d'autres encore. Nous connaissons aujourd'hui
nombre de plantes qui se meuvent et nous savons
que tous les végétaux, sans exception, respirent
de la même manière que les animaux ; le gaz acide
carbonique étant chez tous deux, l'un des produits
normaux de l'usure des tissus. Si au lieu de considérer les représentants supérieurs des deux regnes,
nous en comparons les types les plus simples, les
plus élémentaires, nous chercherons vainement les
différences proclamées par les anciens auteurs. Il
peut donc paraître superflu de conserver la division
classique des êtres en deux règnes. Reconnaissons
simplement qu'il existe dans la nature des corps
vivants et des corps bruts et, si nous utilisons encore

cette appellation de « règne », qui n'est pas très heureuse, attendu que la nature n'est pas une monarchie et qu'il n'y a pas de roi dans la création — Daubenton l'affirmait déjà il y a un siècle — contentons-nous de distinguer un règne organique et un règne inorganique.

Mais si tous les corps vivants sont apparentés par leurs propriétés essentielles, s'ils se distinguent de tous les autres par la double faculté de croître et de se reproduire, s'ils reconnaissent sans exception la même origine individuelle dans une gouttelette de protoplasma contractile, si les lois générales de l'évolution sont applicables aux uns comme aux autres, ils utilisent deux procédés pour la fabrication de leur propre substance, ils ont deux manières différentes de puiser leurs aliments dans le milieu ambiant.

Les uns renouvellent sans cesse la matière organique qu'ils consomment durant leur vie, aux dépens des substances minérales qu'ils trouvent à leur portée; les autres — incapables de s'assimiler les éléments de la terre, de l'air et de l'eau — ne réussissent à réparer leurs pertes qu'en se nourrissant de matière organique, déjà élaborée par les premiers. Si nous pouvions nous alimenter d'air et d'eau, nous ne connaîtrions guère la faim, de graves questions sociales auraient trouvé leur solution.

Le protoplasma est toujours composé de charbon, d'hydrogène, d'oxygène, d'azote, auxquels se joignent des quantités relativement faibles de soufre, de phosphore, de chlore, de silice, de potasse, de chaux, de magnésie et de fer. L'analyse élémentaire des plantes révèle l'existence dans leurs tissus de tous ces corps simples. Les chimistes admettent la probabilité d'une synthèse des substances albuminoïdes, au groupe desquelles appartient le protoplasma. — Certains composés, connus exclusivement jusqu'alors au sein des tissus organisés, notamment, l'urée, l'acide formique, ont été reproduits dans les cornues des laboratoires, sans qu'on eût fait intervenir la soi-disant force vitale. D'autre part, quelques biologistes hardis songent à la possibilité d'une synthèse du protoplasma vivant. Partisans décidés de la doctrine de la génération spontanée, ils espèrent que l'homme trouvera un jour l'ensemble des conditions nécessaires à la combinaison immédiate du charbon, de l'hydrogène, de l'oxygène et de l'azote, dans les proportions voulues pour donner naissance à la matière animée.

Toutes les tentatives qu'on a faites pour démontrer la génération spontanée ont échoué. Personne autre que les radiations solaires, travaillant au sein d'un *protoplasma préexistant,* n'a opéré jusqu'ici une combinaison protoplasmatique, et l'étude détaillée des phénomènes chimiques de la végétation nous a fait connaître à quelles conditions elle s'effectue.

Nous savons que la plante emprunte le charbon,
son principal élément constitutif, au gaz acide carbonique contenu dans l'atmosphère et dans le sol;
qu'elle prend son hydrogène et son oxygène, qui
sont toujours associés chez elle au carbone, dans
l'air atmosphérique et dans l'eau; et qu'enfin son
azote provient des sels ammoniacaux et des azotates universellement répandus.

Mais les seules plantes, — c'est là le point capital sur lequel je veux insister — les seules plantes chez qui cette faculté assimilatrice des corps
minéraux a été reconnue sont celles qui renferment dans leurs organes, dans leurs feuilles surtout,
la matière colorante verte, la *chlorophylle*. C'est
elle qui puise, à cette source resplendissante de la
lumière solaire, la force dont elle a besoin pour
décomposer le gaz acide carbonique. Nous connaissons tous cela depuis très longtemps, mais ce dont
nous nous souvenons moins, ce qu'il est indispensable de répéter, c'est que la présence de la chlorophylle ne pourrait servir de trait distinctif fondamental entre les plantes et les animaux que si elle
était générale chez les premières et exclusive à
elles. Il n'en est nullement ainsi. Quelques animaux,
des infusoires, des radiolaires, des éponges, de
petits vers, etc. possèdent en eux de la chloro-

phylle; par contre, un grand nombre de végétaux,
l'orobanche, la cuscute, la classe entière des champignons, en sont tout-à-fait dépourvus. Enfermons
les premiers sous une cloche remplie d'eau et ex-
posons-les au soleil, nous les verrons bientôt dé-
gager de nombreuses bulles de gaz oxygène, preuve
qu'ils décomposent l'acide carbonique contenu dans
l'eau; en pareille circonstance, les seconds, au
contraire, consomment de l'oxygène pour produire
de l'acide carbonique.

A la rigueur, — et tout en ayant grand tort, —
vous consentiriez peut-être à ranger les éponges
vertes parmi les plantes, mais vous refuserez toujours, n'est-il pas vrai, d'appeler animal un cham-
pignon. En sorte que ce caractère distinctif,
présence ou absence de chlorophylle, est encore
partiellement illusoire.

Quel que soit l'être qui la contient, la chlorophylle cesse de fonctionner à l'obscurité. Si on se
donne la peine de suivre pas à pas le développement d'une jeune plante à la lumière, on voit que
le premier effet de la radiation est précisément
la production de la chlorophylle. Dans l'obscurité,
cette substance ne prend pas naissance, la plante
ne se nourrit plus qu'imparfaitement et cesse, par
conséquent, de fabriquer de la nourriture, pour les
êtres sans chlorophylle. Parmi les conséquences
multiples de la disparition du soleil, nous pou-

yons enregistrer la mort des plantes vertes et,
par la suite, la mort de tout ce qui vit.

Si, d'une façon générale, le soleil est avantageux
pour la vie animale, nous venons d'apprendre pourquoi ses radiations lumineuses ne lui sont pas indispensables. Des œufs de poisson, de grenouille,
de crustacés, etc., placés immédiatement après leur
ponte dans l'obscurité d'une armoire bien close,
donnent naissance à des jeunes, qui se nourrissent
et croissent fort bien, quoique un peu plus lentement qu'à la lumière. L'expérience a prouvé qu'à
égalité d'âge, les larves de grenouille demeurent
plus petites dans un vase obscur que dans un vase
exposé à la lumière blanche du soleil; la mortalité
y est aussi plus grande.

Cela nous explique comment il se fait qu'un si
grand nombre d'animaux ont pu s'adapter à vivre
à l'obscurité. Les zoologistes connaissent une faune
des cavernes, une faune profonde des eaux, riche en
espèces et en individus. Cependant les recherches
de M. F.-A. Forel sur le lac Léman nous ont appris qu'au-delà d'une certaine profondeur, des plaques photographiques, immergées pendant vingt-
quatre heures, ne sont plus impressionnées. Les
rayons chimiques du spectre — ceux du moins qui
agissent sur les sels d'argent, — sont donc complètement absorbés par l'eau, ils sont éteints, pour
ainsi dire, à une profondeur qui varie selon la

température de ce liquide, — l'eau froide absorbe moins de lumière que l'eau chaude — et surtout selon la quantité de poussières, de particules solides qu'il tient en suspension. Ainsi M. Forel a trouvé que ce qu'il nomme improprement la *limité d'obscurité absolue*, c'est-à-dire la profondeur à laquelle les rayons solaires agissant pendant un jour entier cessent de transformer le chlorure d'argent, est située entre 40 et 50 mètres, pendant les mois d'été, entre 70 et 80 mètres en Décembre et Janvier et entre 80 et 100 mètres en Février. Un jeune naturaliste de Zürich, M. le D^r. Asper a d'ailleurs constaté que des plaques au gélatino-bromure d'argent, beaucoup plus sensibles que les précédentes, étaient impressionnées dans les eaux du lac de Wallenstadt jusqu'à la profondeur de 140 mètres, et MM. Fol et Sarrasin, opérant avec les mêmes plaques au mois de Mars et par un beau soleil, ont noté la disparition des dernières radiations chimiques, à 400 mètres de la surface des eaux de la Méditerranée.

Au-delà de 150 à 200 mètres dans les eaux lacustres et de 400 mètres dans les eaux de la mer, nous ne pourrions pas photographier avec les sels d'argent. Les recherches dont il vient d'être question ne nous apprennent pas autre chose. Est-ce à dire que les êtres qui se multiplient dans ces profondeurs ne reçoivent aucune radiation solaire? Nous ne pouvons pas l'affirmer, et c'est pourquoi l'expression de « limite d'obscurité absolue », dont s'est servi M. Forel, peut prêter à confusion. Le savant professeur de l'Académie de Lausanne le reconnaît lui-même, puisqu'il dit dans son beau Mémoire sur la faune profonde des lacs suisses « que notre rétine est capable de discerner des objets alors même que la lumière n'est pas assez intense pour impressionner le chlorure d'argent. Il est donc possible que notre œil puisse encore y voir à une profondeur de plus de 100 mètres ». Avec tout autant de raison, cette remarque doit s'appliquer à l'œil des animaux. D'ailleurs, certains rayons de lumière, impressionnant notre œil, peuvent fort bien ne pas agir du tout sur une plaque photographique, même très sensible. Les astronomes occupés à photographier le ciel nous l'ont appris récemment, et M. Wolff appelait, l'an dernier, l'attention de l'Académie des Sciences de Paris, sur le fait remarquable que certains clichés, qui dénoncent l'existence d'étoiles que l'œil humain ne voit pas, alors même qu'il est armé des plus puissants télescopes, n'enregistrent pas quelques autres astres que nous connaissons au contraire pour les avoir directement observés. Certaines nébuleuses que la photographie n'indique pas sont visibles pour notre rétine. Celle-ci apprécie donc des radiations qui sont sans action sur la plaque photographique.

Encore une fois, nous ne pouvons assigner une

limite à la pénétration de toutes les radiations solaires au sein des eaux, dans ces régions profondes où vivent tant d'animaux que les sondages sous-lacustres et sous-marins nous ont fait connaître. Mais ce dont nous pouvons être certains, dans tous les cas, c'est que si quelques radiations existent encore dans les grands fonds, elles doivent y être extrêmement affaiblies, beaucoup trop pour permettre à des végétaux de fabriquer de la substance organique. Il n'y a pas de flores profondes. La plante pourvue de chlorophylle qui descend le plus bas dans l'eau est une mousse (variété du *Thamnium alopecurum*); elle vit sur les pierres à 200 pieds de la surface du lac Léman. Sa découverte a été une surprise pour tous les naturalistes. C'est là un fait caractéristique : il n'existe que des consommateurs de substances organiques dans les grandes profondeurs, il n'y a pas de producteurs de ces substances.

Examinons maintenant quelle est l'influence comparative exercée par les différents rayons colorés du spectre sur les fonctions vitales, car si notre thèse est juste, c'est-à-dire, si ce sont les rayons solaires qui fournissent la force nécessaire aux mouvements vitaux, les ondulations d'amplitudes différentes ne doivent pas agir avec la même intensité sur les diverses fonctions organiques.

Nous pouvons faire usage, dans cette étude, de deux méthodes. L'une consiste à projeter au moyen d'un gros prisme, contre un écran, un large spectre dont on sépare ensuite par des lames opaques les couleurs élémentaires; puis, on expose, à chacune de ces couleurs, un vase, une cage, un récipient quelconque, renfermant l'animal ou la plante que l'on veut observer. L'autre méthode, plus simple mais moins précise, consiste à faire tomber sur l'organisme en expérience de la lumière, filtrée préalablement au travers d'une lame de verre ou d'une solution colorée. Il est difficile, dans ce cas, de se procurer des filtres monochromes, c'est-à-dire ne laissant vraiment passer qu'une seule couleur. Ainsi, une solution saturée de chromate de potasse, qui nous paraît à l'œil d'un jaune très pur, livre toujours passage à un peu de rouge et de vert; tandis qu'une solution ammoniacale de sulfate de cuivre, qui nous semble parfaitement bleue, est encore mélangée d'une petite quantité de rayons verts et violets.

Des plantes, étiolées et décolorées par un séjour dans l'obscurité, ne tardent pas à verdir de nouveau si on les expose au spectre solaire, mais la chlorophylle ne s'y développe pas avec la même rapidité dans toutes les couleurs. La région jaune est celle qui favorise le plus la restauration chlorophyllienne; la quantité produite dans un temps donné y atteint toujours le maximum, elle diminue progressivement du côté du rouge et du côté du violet. Mais il se produit encore de la chlorophylle dans l'infra-rouge et l'ultra-violet. Les fougères, le safran, quelques autres plantes encore, montrent même une aptitude assez grande à verdir dans ces régions spectrales qui nous paraissent obscures. Un expérimentateur fort habile, M. Wiesner, a découvert que ces végétaux verdissent encore derrière l'écran formé par la dissolution de l'iode dans le sulfure de carbone, solution qui arrête complètement, ainsi que nous l'avons déjà dit, les rayons photographiques et les rayons lumineux. La plupart des autres plantes y périssent. Il serait intéressant de connaître comment s'y comporte la mousse profonde mentionnée plus haut, qui vit dans les eaux douces du Léman.

D'ailleurs, une très faible intensité lumineuse suffit pour permettre aux plantes de verdir; la chlorophylle se produit encore dans un milieu où il nous serait impossible de lire; tandis qu'une lumière trop vive la détruit, à partir d'un certain degré maximum, qui varie selon les espèces végétales:

La chlorophylle elle-même absorbe un certain nombre de rayons lumineux. L'examen d'un rayon de lumière blanche, qui a traversé une feuille verte ou une dissolution de chlorophylle dans la benzine; montre que la portion verte du spectre passe seule dans sa totalité, pendant que les autres couleurs sont plus ou moins retenues. Ce sont précisément les radiations absorbées de la sorte qui sont utilisées dans le travail de décomposition de l'acide carbonique. Si on introduit des feuilles de même nature dans une série de petits tubes remplis d'eau, tenant en dissolution la même quantité de gaz acide carbonique, et si on expose simultanément ces tubes dans les diverses zones rouge, jaune, verte, etc., d'un spectre, on s'aperçoit bientôt que la quantité d'acide carbonique décomposé atteint son maximum dans le rouge, qu'elle décroît dans le jaune; qu'elle est très faible dans le vert et à peu près nulle dans le violet.

La lumière violette, qui permet encore la production — affaiblie il est vrai comparativement au jaune — de la chlorophylle, paralyse sa fonction assimilatrice. La lumière violette est donc, d'une manière générale, nuisible aux plantes. Les expériences de Paul Bert, qui a planté 25 espèces de plantes de familles très différentes, les unes sous un verre blanc, les autres sous des verres rouge, jaune, bleu, etc., l'ont conduit à des conclusions semblables pour les autres couleurs. Voici ses propres paroles :

« En définitive, toutes les couleurs, prises séparément, sont mauvaises pour les plantes; leur réunion, suivant les proportions qui constituent la lumière blanche, est nécessaire pour la santé des végétaux; enfin, les jardiniers doivent renoncer à l'emploi de verres ou abris colorés pour serres et châssis. »

Les recherches de même ordre entreprises sur des animaux ont conduit à de meilleurs résultats, ainsi que nous le verrons dans le chapitre suivant. De nombreuses expériences, dans le détail desquelles je ne puis entrer pour le moment, ont démontré que des œufs et des larves de grenouilles, de poissons, de mollusques, etc., se développent fort inégalement dans les diverses couleurs du spectre, qu'ils prospèrent davantage dans la lumière violette que dans la lumière blanche, qu'ils demeurent chétifs dans la lumière rouge et que la lumière verte les fait périr. (Voir le chapitre suivant.)

Les radiations violettes accélèrent les phénomènes nutritifs, plus qu'aucune autre ; sous leur action, les animaux mangent davantage, ils assimilent plus aussi, ils vivent avec plus d'intensité et se consument d'ailleurs rapidement, si les pertes dues à la suractivité de la respiration et des sécrétions ne sont pas constamment réparées par une abondante nourriture.

Il n'est sans doute pas inutile de faire remarquer que la plupart de ces expériences ayant porté sur des animaux aquatiques, il serait prématuré d'en appliquer les résultats à tous les animaux supérieurs. Nous ne saurions dès maintenant conseiller d'élever les bestiaux, les oiseaux de basse-cour ou encore « les futurs défenseurs de la patrie » dans des cages violettes, ainsi que l'ont fait de trop ingénieux journalistes. Il y a là des éléments propres à modifier peut-être un jour la culture des animaux et à intéresser dès maintenant les éleveurs. Mais de nouvelles recherches doivent être entreprises et multipliées sur des êtres très divers. Il serait important en particulier d'expérimenter les rayons ultra-violets, ce qui ne paraît pas avoir été fait jusqu'ici.

A nos yeux, l'importance actuelle des investigations dont il vient d'être question consiste surtout en ce qu'elles nous ont fait, pour ainsi dire, toucher du doigt la puissance relative de quelques-unes des radiations solaires. Elles ont mis en évidence l'action complexe d'un rayon de soleil sur les manifestations vitales; elles ont ouvert un champ à peu près illimité aux études des physiologistes de l'avenir; elles nous font enfin mieux comprendre comment la vie peut être considérée comme une forme particulière de la force universelle, se manifestant au sein d'une substance spéciale, le protoplasma.

III.

INFLUENCE DES LUMIÈRES COLORÉES
SUR LE DÉVELOPPEMENT DES ANIMAUX.

Je n'ai pas l'intention de traiter ici ce vaste sujet dans son ensemble. Il est absolument certain que la lumière, dans ses différents degrés d'intensité et sous ses diverses colorations, agit différemment sur trois classes de corps, quelques substances chimiques, les végétaux et les animaux. Les rayons verts sont nuisibles aux plantes vertes, les rayons violets paraissent avantageux pour les animaux. Chaque individualité organique est sollicitée par un certain nombre de forces qu'elle utilise ou qu'elle combat, et c'est le devoir de la science expérimentale d'étudier et de mesurer le rôle de ces différentes forces. Un certain degré de température, une certaine tension électrique, une certaine quantité de lumière, sont aussi indispensables à telle ou telle manifestation vitale, que ces mêmes forces sont nécessaires à la fusion ou à la cristallisation, par exemple, d'un corps minéral.

Le jeune animal ou le jeune végétal, depuis le moment de son extérioration à l'état d'œuf ou de graine jusqu'à sa mort, se trouve soumis à l'action du milieu physico-chimique dans lequel il évolue. Pour bien connaître l'influence de ce milieu, il s'agit de le décomposer dans ses éléments et d'étudier isolément chacune des forces qui le constituent.

M. Paul Bert, dans des recherches célèbres, a étudié, à la suite de quelques autres expérimentateurs, l'influence des lumières colorées sur les plantes. Nous renvoyons à l'analyse qu'il en a donnée lui-même (1) et nous nous limiterons à ce qui concerne les animaux.

En 1858, un physiologiste français, M. Béclard, eut l'idée de placer, au-dessous de verres de couleur, des œufs de mouche (*Musca carnaria*) provenant d'une même ponte et constata, au bout de quelques jours, que les larves qui en étaient sorties différaient beaucoup sous le rapport de leur développement. Il s'assura qu'entre les vers développés dans le rayon violet et ceux développés dans le rayon vert, il y avait une différence de plus du triple quant à la grosseur et à la longueur, il con-

(1) P. Bert, *Influence de la lumière sur les êtres vivants* (*Revue scientifique* du 20 avril 1878).

clut en disposant les couleurs du spectre dans l'ordre suivant, sous le rapport de leur influence favorable au développement des œufs; la première couleur est la plus avantageuse :

| Violet. | Rouge. | Blanc. |
| Bleu. | Jaune. | Vert (1). |

Un peu plus tard, deux chercheurs anglais, Mac-Donnell et Higginbottom, nous apprirent que des larves de grenouille, élevées concurremment dans la lumière et à l'obscurité, se développaient également bien dans les deux cas (2).

Dans un mémoire très curieux, mais un peu suspect, en ce sens qu'il ne fournit pas le détail des conditions de l'expérience, et présenté par M. Poëy à l'Académie des sciences au nom du général Pleasanton, de Philadelphie, on trouve la relation de l'expérience suivante, dont le résultat est conforme à celui obtenu par M. Béclard en faveur de la lumière violette :

« Le 3 novembre 1869, le général plaça trois petites truies et un verrat dans un compartiment

(1) J. Béclard, *Note relative à l'influence de la lumière sur les animaux* (*Comptes rendus de l'Académie des sciences*, t. VI, 1858).

(2) Mac-Donnell, *Exposé de quelques expériences,* etc. (*Journal de physiologie* de Brown-Séquard, t. II, p. 625). — J. Higginbottom, *Influence des agents physiques sur le développement*, etc. (même journal, 1863).

dont le toit était couvert de verres violets, et trois autres truies et un verrat dans un autre compartiment de verres blancs. Les huit cochons étaient âgés d'environ deux mois, le poids total des quatre premiers était de 167 livres et demie, celui des quatre autres de 203 livres. Ils furent tous soignés par la même personne, avec la même nourriture, en qualité et en quantité semblables et aux mêmes heures. Le 4 mai 1870, en pesant les six truies, on obtint les résultats suivants :

	Sous les verres violets.	Sous les verres blancs.
3 novembre 1869........	122 livres.	144 livres.
4 mars 1870.............	520 —	530 —
« Augmentation....	398 livres.	386 livres. »

Les animaux placés sous le verre violet pesaient 12 livres de plus que ceux qui avaient été placés sous le verre blanc, et en tenant compte des 22 livres que les premiers avaient en moins en commençant, on trouve une différence d'accroissement de 34 livres. La comparaison des deux verrats fournit à peu près le même résultat.

D'autres expériences du même auteur faites sur la vigne et sur un taureau, confirmèrent ces résultats (1).

____

(1) A. Poëy, *Influence de la lumière violette sur la croissance de la vigne, des cochons et des taureaux* (*Comptes rendus de l'Académie des sciences*, t. LXXIII, 1871, p. 1236).

Enfin, nous rapporterons ici l'expérience faite par M. le professeur Schnetzler, de Lausanne, relativement à l'action de la lumière verte sur le développement des œufs de grenouille (*Rana temporaria*).

Ce savant plaça une partie de ces œufs dans un bocal de verre blanc, contenant 2,000 centimètres cubes d'eau et une bonne provision de plantes aquatiques (*Elodea canadensis*); une autre partie fut placée dans un vase de couleur verte, renfermant 1,100 centimètres cubes d'eau et la même plante que le vase précédent.

Les deux vases furent exposés dans les mêmes conditions, à la même lumière. A la fin du mois de mai, les larves du vase blanc avaient quatre centimètres de longueur et les pattes de derrière étaient développées chez la plupart d'entre elles. Les larves du vase vert sortirent de l'œuf quelques jours plus tard que celles du vase exposé à la lumière blanche, et restèrent petites; à la fin de mai, elles avaient à peine une longueur de deux centimètres; pas de trace des pattes postérieures.

« Le 10 juin, continue M. Schnetzler, les larves du vase blanc montrent leurs pattes de devant; quelques-unes d'entre elles sont presque complètement transformées en grenouilles. Celles du vase vert, toujours bien noires et très vives, n'ont pas trace de pattes. Elles respirent encore presque exclusivement par leurs branchies intérieures.

« Le 25 juillet, toutes les larves du vase blanc ont achevé leurs métamorphoses, celles du vase vert n'ont pas encore la moindre trace de pattes. Les douze larves du premier vase avaient chacune 266 centimètres cubes d'eau à leur disposition. Les sept larves du second vase avaient chacune au commencement 157 centimètres cubes. Pour les mettre dans les meilleures conditions, on enleva quatre larves du n° 2 et on les plaça dans le premier vase.

« Chacune des trois larves restantes avait donc à sa disposition 366 centimètres cubes d'eau. Cette eau fut souvent renouvelée, ainsi que les plantes qui servaient de nourriture aux larves. Deux de ces larves furent dévorées par la troisième, qui restait seule en possession de 1,100 centimètres cubes d'eau. Malgré ces conditions favorables, elle ne présentait à la fin de juillet que trois centimètres et demi de longueur, elle n'avait pas trace de pattes et respirait principalement par ses branchies intérieures (1). »

Une seule des trois larves importées du vase vert dans le vase blanc s'est complètement transformée à la suite de ce changement.

Dans son expérience, M. Schnetzler n'a donc pas

(1) J.-B. Schnetzler, *Influence de la lumière sur le développement des larves de grenouille* (*Arch. des sciences physiques et naturelles*, t. LXI, 1874, p. 247).

pu obtenir le développement complet de sa grenouille dans la lumière verte.

C'est, du reste, un fait d'observation générale que la mortalité augmente chez les animaux vivant dans un aquarium, lorsque les parois de celui-ci se couvrent de matière verte confervoïde.

Il résultait évidemment des différents travaux que nous venons de résumer brièvement et dont aucun, pris isolément, ne paraîtra très démonstratif, l'indication d'une différence d'action entre les diverses couleurs : c'est ce qui nous engagea à entreprendre les recherches dont nous avons publié les résultats obtenus pendant ces dernières années (1).

Pour des expériences de cette nature, le verre coloré présente plusieurs inconvénients, parmi lesquels son prix élevé et la difficulté de l'obtenir parfaitement monochromatique sont les principaux. Aussi l'avons-nous remplacé par des solutions colorées, introduites entre deux vases de verre blanc ordinaire, de diamètre un peu différent.

Prenons cinq vases d'une capacité de trois à quatre litres, plaçons-les dans cinq autres vases de

(1) E. Yung, *Influence des différentes couleurs du spectre sur le développement des animaux (Arch. de zoologie expérimentale et générale, t. VII, 1878, p. 251 et Archives des sciences physiques et naturelles*, même année), et *Influence des lumières colorées sur le développement des animaux (Mittheilungen aus der zoologischen Station zu Neapel, II Band., 2 Heft., p. 233, 1880).*

même forme, mais d'un diamètre un peu plus grand, de telle manière que l'espace compris entre ces deux vases soit de 5 à 10 millimètres; puis introduisons dans cet espace une solution autant que possible monochromatique. On comprend dès lors que si l'on couvre chacun de ces vases d'un carton épais, les corps placés à leur intérieur ne recevront que de la lumière colorée.

Je me suis servi jusqu'ici des matières colorantes suivantes :

Une solution alcoolique de fuchsine cerise parfaitement monochromatique pour le *rouge;*

Une solution saturée de chromate de potasse pour le *jaune;* la solution laisse passer un peu de rouge et de vert; nous n'avons pas réussi à trouver un jaune monochromatique;

Pour le *vert,* une solution concentrée d'azotate de nickel, parfaitement monochromatique;

Pour le *bleu,* une solution alcoolique de la couleur d'aniline, dite *bleu de Lyon,* laissant passer un peu de violet;

Pour le *violet* enfin, une solution alcoolique de la couleur d'aniline, dite *violet de Parme,* laissant passer quelques rayons bleus.

Ces vases, que nous désignerons dorénavant par leur couleur, étant placés les uns à côté des autres auprès d'une même fenêtre, renfermant la même quantité d'eau, présentant la même surface d'aération et la même température, offrirent par conséquent à leurs hôtes des conditions de milieu physique parfaitement identiques, à l'exception de la condition de la lumière.

Les œufs des animaux aquatiques sur lesquels nous avons opéré provenaient d'une même ponte et avaient, par conséquent, le même âge. Il est très vraisemblable que si ces œufs eussent été laissés en liberté, ils se fussent développés à peu près de même. Toutefois, il faut toujours tenir compte des différences individuelles, et c'est afin de satisfaire à cette dernière nécessité qu'il est bon d'opérer sur un assez grand nombre d'œufs, dix ou douze au minimum, et de prendre des mensurations sur plusieurs individus; les moyennes sont surtout instructives.

Comme termes de comparaison, nous remplissons encore deux bocaux simples dont l'un est soigneusement tenu dans l'obscurité d'une armoire et l'autre est exposé à la lumière blanche du soleil.

Les choses étant ainsi disposées, nous avons placé dans chacun des vases des œufs de *Rana esculenta* et *R. temporaria*, de *Salmo trutta,* de *Lymnea stagnalis,* de *Loligo vulgaris* et *Sepia officinalis,* animaux appartenant, comme on le voit, à des types assez divers. Pour les œufs de truite, de seiche et de calmar qui meurent bientôt dans l'eau stagnante, nous avons établi; au moyen de tubes puisant dans un même réservoir et de siphons convenablement adaptés, un courant continu, qui maintenait, au point de vue de la quantité et de la qualité, l'eau dans des conditions identiques dans les différents vases. — Quant aux autres, on se bornait à changer régulièrement leur eau matin et soir.

Les précautions prises jusqu'ici suffisent lorsqu'il ne s'agit que de suivre le développement de l'embryon dans l'œuf. Mais à partir de son éclosion, intervient un nouvel élément, la nourriture. Il est difficile de l'égaliser dans tous les vases et les soins les plus attentifs sont nécessaires. Il faut fournir à chaque bocal la même quantité et la même qualité de substance alimentaire. C'est ainsi que pour les têtards de grenouille, on leur fournissait, pendant les premiers jours de leur vie libre, des algues de la même espèce et de la même provenance, et on y ajoutait peu à peu et en même temps de la nourriture animale. L'influence de la nourriture sur le développement est extrêmement sensible et l'introduction de substances animales fait grandir rapidement le têtard. Nous reviendrons, du reste, dans un prochain chapitre, sur la mesure de cette influence.

Suivons maintenant le développement des œufs, ceux de la grenouille par exemple, placés dans les bocaux dès le lendemain de leur ponte. Au bout de sept jours, il y a des éclosions dans tous les vases; mais nos notes indiquent déjà des différences d'un vase à l'autre. C'est ainsi que les vases violet et bleu sont avantagés sous le rapport du nombre et de la vigueur des jeunes qu'ils renferment. A mesure que l'on avance, les différences s'accentuent davantage. La croissance des têtards qui reçoivent la lumière violette ou la bleue est accélérée; celle des têtards éclairés par le rouge ou le vert est retardée.

Ce fait ressort bien des dimensions prises sur trois individus dans chaque bocal, un mois après leur éclosion. (Voir le tableau, page suivante.)

On trouvera, dans mon mémoire des *Archives de zoologie expérimentale* dirigées par M. de Lacaze-Duthiers, des chiffres plus nombreux indiquant la progression à différentes époques. A l'âge d'un mois, les têtards se trouvaient en bonne santé dans tous les vases. Je dois dire cependant tout de suite que, dans le courant du second mois, j'ai perdu, dans trois séries d'expériences, les jeunes élevés à la lumière verte et que, plus tard, la même chose m'advint avec les jeunes du vase rouge.

L'expérience a été terminée lors de la transformation du têtard en grenouille, c'est-à-dire après qu'il eut acquis les pattes postérieures et antérieures, et perdu la queue. A mesure que cette transformation avait eu lieu, le têtard était retiré du vase.

DIMENSIONS EN MILLIMÈTRES DES TÊTARDS DE RANA ESCULENTA AGÉS D'UN MOIS,
DANS LES DIFFÉRENTS MILIEUX COLORÉS.

	VASE ROUGE.		VASE JAUNE.		VASE VERT.		VASE BLEU.		VASE VIOLET.		VASE BLANC.		VASE OBSCUR.	
	Longueur.	Largeur.	Longueur.	Largeur.	Longueur.	Largeur.	Longueur.	Largeur.	Longueur.	Largeur.	Longueur.	Largeur.	Longueur.	Largeur.
	19,00	4,50	22,00	5,00	16,00	4,00	24,00	5,50	29,00	7,00	23,00	5,50	19,00	4,50
	19,50	4,50	23,00	5,50	15,00	3,50	25,50	6,00	26,50	6,50	23,50	5,50	21,00	5,00
	19,00	4,50	23,50	5,50	14,50	3,50	24,00	5,50	27,00	6,50	23,00	5,50	19,00	4,50
Totaux...	57,50	13,50	68,50	16,00	45,50	11,00	73,50	17,00	82,50	20,00	69,50	16,50	59,00	14,00
Moyenne.	19,16	4,50	22,83	5,33	15,16	3,66	24,50	5,66	27,50	6,66	23,16	5,50	19,66	4,66

La perte des branchies externes, l'apparition des
pattes postérieures et antérieures, sont des phénomènes de croissance faciles à saisir, mais soumis à
de grandes différences individuelles, qui ont fait
qu'ils ne se sont pas succédé dans nos divers bocaux dans un ordre parallèle à celui indiqué par la
taille. Il y a certainement des influences d'un ordre
secondaire qui agissent sur ces phénomènes. Toutefois. nous devons insister sur ce point que c'est
toujours dans le vase violet qu'est apparue la première petite grenouille à l'état parfait.

Un autre fait important à noter est celui du développement normal, quoique légèrement ralenti,
dans l'obscurité. F. William Edwards, dans son
livre célèbre sur l'influence des agents physiques
sur la vie, avait nié que le développement pût s'ef-
fectuer en l'absence de la lumière; on trouve
encore aujourd'hui l'écho de cette opinion dans
plusieurs ouvrages élémentaires. Nous avons vu
cependant que Mac-Donnell et Higginbottom étaient
arrivés à des résultats diamétralement opposés. Selon eux, le temps de croissance ne serait pas sensiblement influencé par l'obscurité. La vérité semble,
d'après nos recherches, se trouver entre ces deux
opinions, très rapprochée de la dernière. L'obscurité n'empêche nullement le développement, mais
le ralentit. A égalité d'âge, les têtards se sont montrés plus petits dans le vase obscur que dans celui

exposé à la lumière blanche. En outre, la mortalité est un peu plus considérable dans le premier de ces vases que dans le dernier.

Si maintenant nous introduisons dans nos bocaux, en lieu et place des œufs de grenouille, des œufs appartenant aux autres animaux que nous avons mentionnés plus haut, nous arriverons aux mêmes résultats généraux. J'ai repris ces recherches sur des espèces marines à la station zoologique de Naples où l'abondance de l'eau et celle du matériel de travail sont considérables (voir page 112). Des œufs de *Sepia* (seiche) et de *Loligo* (calmar) furent soumis aux couleurs simples, et les jeunes en sortirent plus tôt dans les vases violet et bleu que dans les vases jaune et rouge.

Du reste, M. Serrano Fatigati, dans une note présentée à l'Académie des sciences à la fin de 1879, a confirmé mes premiers résultats en opérant sur les infusoires. Je rapporterai ici ses propres conclusions :

« 1° La lumière violette active le développement des organismes inférieurs ;

« 2° La lumière verte le retarde ;

« 3° La production d'acide carbonique est toujours plus grande dans la lumière violette et plus petite dans la lumière verte (1), etc. »

(1) Serrano Fatigati, *Comptes rendus de l'Académie des sciences*, t. LXXXIX, 1er déc. 1879.

Il ressort donc de cet ensemble de recherches que, contrairement à ce qui a lieu chez les plantes, certaines lumières simples sont plus propices au développement des animaux que la lumière composée du soleil. Ce fait principal, sur lequel M. Béclard paraît avoir le premier appelé l'attention du monde savant, mérite d'être soumis à une critique sévère, et je dois relever dès maintenant le désaccord qui règne entre les conclusions de M. Béclard et les miennes relativement à la gradation des couleurs au point de vue qui nous occupe. Nous avons donné plus haut l'échelle de M. Béclard. La nôtre en diffère surtout en ce qu'elle place la lumière rouge beaucoup au-dessous des lumières jaune et blanche et très près de la lumière verte qui, dans tous les cas, s'est montrée défavorable.

Voici notre groupement des couleurs dans les conditions que nous avons indiquées :

| Violet. | Jaune. | Rouge. |
| Bleu. | Blanc. | Vert. |

La lumière jaune et la blanche se touchent de très près. Les jeunes se sont montrés parfois plus gros et plus robustes dans le vase blanc que dans le jaune; mais dans la plupart des cas, c'est le contraire qui est vrai.

Les conditions d'existence, le mode de nutrition surtout, diffèrent tellement des animaux aux végétaux, dans les espèces du moins qui ont été mises en expérience jusqu'ici, que nous ne_devons pas nous étonner d'arriver à des résultats contraires dans la recherche que nous poursuivons.

Ainsi, l'obscurité est nécessairement mortelle pour le végétal, puisqu'elle arrête la fonction chlorophyllienne.

M. Bert, en opérant sur vingt-cinq espèces de végétaux aussi bien cryptogames que phanérogames de familles très diverses, les a plantés les uns sous un verre blanc ordinaire, les autres sous un verre blanc dépoli, un verre noir, un rouge, un jaune, un bleu; et il est arrivé à cette conclusion générale : « Qu'en définitive toutes les couleurs prises isolément sont mauvaises pour les plantes; que leur réunion, suivant les proportions qui constituent la lumière blanche, est nécessaire pour la santé des végétaux; et qu'enfin, les jardiniers devront renoncer à l'emploi de verres ou abris colorés pour serres et châssis. » M. Draper, dans une expérience élégante rapportée par M. Jamin (1), prit sept tubes de verre, renfermant de l'eau chargée d'acide carbonique et une feuille de graminée, puis il fit tomber sur chacun d'eux l'une des sept couleurs du spectre. Au bout de quelque temps, il se dégagea de l'oxygène dans les tubes recevant les

____

(1) Jamin, *la Photochimie* (*Revue scient.*, 1866-67).

rayons jaunes et rouges; il n'y avait rien dans les autres. Les rayons rouges et jaunes, ces derniers constituant la région la plus lumineuse du spectre, sont donc les seuls qui donnent aux plantes la propriété de renouveler l'oxygène de l'air. Cette expérience élémentaire a été reprise sous bien des formes diverses et avec toute la rigueur scientifique; elle a constámment donné les mêmes résultats (1).

Si nous nous reportons maintenant aux expériences de Béclard (2), de Selmi et Piacentini (3), de Pott (4), de Moleschott et Fubini (5), sur l'action de la lumière, et en particulier des lumières colorées, sur la respiration pulmonaire et cutanée chez les animaux, nous constaterons certains désaccords

(1) Voy. Jul. Sachs, *Physiologie végétale*, traduction française par Marc Micheli, 1868, p. 25, et Jul. Sachs, *Werkungen des farbigen Lichts auf Pflanzen. (Bot, Zeitung, 1864)*.

(2) Béclard, *loc. cit.*

(3) Selmi et Piacentini, *Dell' influenza dei raggi colorati sulla respirazione. (Rendiconti dell' Instituto lombardo,* 2ᵉ série, vol. III, p. 51-63, 1870.)

(4) Robert Pott, *Vergleichende Untersuchung uber die Mengenverhältnisse der durch Respiration und Perspiration ausgeschiedenen Kohlensaure bei verschiedenen Thierspecies in gleichen Zeitraumen, nebst einigen Versuchen uber Kohlensaure Ausscheidung desselben Thieres unter verschiedenen physiologischen Bedingungene (Habilitationschrift,* Iéna, 1875).

(5) Moleschott et Fubini, *Sull' influenza della luce mista e cromatica nell' esalazione di acido carbonico per l'organismo animale.* Torino, 1879.

dans les résultats obtenus qui atténuent beaucoup leur valeur. Moleschott a montré en 1855 que la lumière blanche, comparée à l'obscurité, favorisait dans des limites assez larges la quantité d'acide carbonique dégagé par des grenouilles en un temps donné. Il trouve en même temps que l'augmentation de la quantité d'acide carbonique était d'autant plus grande que l'intensité de la lumière était elle-même plus considérable, c'est-à-dire que les grenouilles, pour les mêmes unités de poids et de temps, exhalent depuis 1/12 jusqu'à 1/4 d'acide carbonique de plus lorsqu'elles respirent sous l'influence de la lumière que dans l'obscurité, tant que les degrés de température sont égaux ou ne diffè-

RAPPORT ENTRE LA QUANTITÉ D'ACIDE CARBONIQUE EXHALÉ ET LA NATURE DE LA LUMIÈRE D'APRÈS SELMI ET PIACENTINI (1).

LUMIÈRE.	CHIEN.	TOURTERELLE.	POULE.
Obscurité.............	100	100	100
Lumière violette.....	107	117	112
— rouge......	112	129	133
— blanche....	122	117	144
— bleue.......	126	117	149
— verte.......	141	159	153
— jaune.......	155	194	187

(1) Les chiffres sont rapportés à ceux obtenus dans l'obscurité pris pour unité.

rent que peu. Sur ce point-là, tout le monde est d'accord, mais il n'en est plus de même lorsqu'il s'agit des rayons colorés.

Selon Selmi et Piacentini, les lumières verte, jaune et bleue agiraient plus efficacement sur la respiration que la lumière blanche, tandis que les lumières rouge et violette lui resteraient inférieures à ce point de vue. Ils ont opéré sur le chien, la tourterelle et la poule. (Voir ci-contre le tableau qui met le fait en évidence.)

Ces résultats généraux ont été confirmés par R. Pott en opérant sur des souris (*Mus musculus*) quant à l'ordre des couleurs, mais les chiffres qu'il a obtenus croissent beaucoup plus rapidement que dans

QUANTITÉ RELATIVE D'ACIDE CO_2 EXHALÉ PAR LA SOURIS DANS DIFFÉRENTES CONDITIONS D'ÉCLAIRAGE, D'APRÈS R. POTT.

LUMIÈRE.	TEMPÉRATURE.	VALEUR proportionnelle de l'acide carbonique.
Obscurité....................	15°,0	100
Lumière violette............	15°,2	133
— rouge.............	15°,2	143
— blanche...........	14°,8	153
— bleue.............	15°,2	187
— verte.............	14°,5	196
— jaune.............	15°,5	207

le tableau des expérimentateurs italiens, auquel
on peut comparer celui qui précède.

On pourrait donc conclure de ces deux séries de
recherches que certaines lumières activent la fonction respiratoire. Mais dans leur récent travail, Moleschott et Fubini, se basant sur un très grand
nombre d'expériences, sont arrivés à des conclusions différentes qu'il ne sera pas inutile de rapporter ici avec quelques détails.

Ils ont opéré sur des amphibiens, des oiseaux et
des mammifères; ils ont multiplié leurs expériences et leur ont donné un caractère de précision
et d'exactitude qu'on ne retrouve pas au même
degré chez celles de leurs prédécesseurs. Leur attention s'est portée surtout sur les lumières blanche, rouge, jaune et bleu violacé (*azzuro violacea*).

Or, parmi les lumières colorées, ils ont constamment trouvé que le bleu violacé agit plus efficacement sur l'exhalation d'acide carbonique que les autres, contrairement aux résultats mentionnés plus
haut, et, qui plus est, que cette lumière se montre dans beaucoup de cas supérieure à la lumière
blanche. — Ce dernier point surtout est important
pour nous, en ce sens qu'il est particulièrement
vrai pour les batraciens.

Quant à la lumière rouge, elle est beaucoup
moins favorable que les autres lumières expérimen-

tées, à tel point que chez la grenouille elle est inférieure, même à l'obscurité. Ce fait avait été mis déjà en évidence par Chasanowitz (1), en operant sur le même animal. Il est arrivé à ce résultat que si on représente par 100 la quantité d'acide carbonique exhalé par un même poids de grenouilles en vingt-quatre heures, celle exhalée dans les mêmes conditions sous la lumière rouge n'est plus que de 95.

Je rapporterai encore ici quelques chiffres comparatifs empruntés à Moleschott et Fubini.

QUANTITÉS D'ACIDE CARBONIQUE EXHALÉES DANS UN MÊME TEMPS PAR DIVERS ANIMAUX SOUS DIFFÉRENTES LUMIÈRES.

ANIMAL.	OBSCURITÉ	LUMIÈRE rouge.	LUMIÈRE azur violet.	LUMIÈRE blanche.
Grenouille..................	100	100,5	115	112
Oiseaux (moineau, canari).	100	128,0	139	112
Surmulot....................	100	111,0	110	137

Nous ne possédons aucun renseignement sur l'intensité des phénomènes respiratoires chez les larves de grenouille, mais il est permis de penser, en s'ap-

(1) Chasanowitz, *Ueber den Einfluss des Lichtes auf die Kohlensaure Ausscheidung im thierischen Organismus.* Inaugural dissertation. Kœnisberg, 1872.

puyant sur les faits que je viens de rappeler, que les rayons de la région chimique du spectre, les bleus et les violets, conduisent à une usure plus rapide des tissus que ceux de la région thermique. Ceci est confirmé par l'expérience suivante :

Si l'on prend un certain nombre de têtards à peu près de même taille et élevés jusque-là dans des conditions identiques, puis qu'on vienne à les soumettre à l'inanition sous l'influence des différentes couleurs, on verra qu'ils meurent beaucoup plus vite dans la lumière violette que dans les autres, et que la progression des couleurs dans ce cas est précisément l'inverse de celle que nous avons obtenue pour la croissance.

Les lumières colorées sont en général défavorables à la vie sans nourriture et, à ce point de vue, c'est la lumière violette qui occupe le premier rang.

Comment se fait-il alors que cette même lumière nous ait donné de si beaux résultats pour la croissance?

Il faut admettre qu'elle active les phénomènes de nutrition, l'assimilation des aliments, dans une proportion encore plus grande que les phénomènes de combustion et de désassimilation. Dans la lumière violette, la fraction de la substance gagnée sur la substance perdue est plus considérable que dans les autres lumières.

Prenons un même nombre de têtards en développement depuis l'œuf, dans les vases colorés, plaçons-les tous dans des vases exposés à la lumière blanche, privons-les de toute nourriture et nous verrons que les têtards qui se sont développés dans la lumière violette résistent plus longtemps à l'inanition que ceux qui se sont développés dans les autres lumières.

Sous ce rapport, l'expérience a montré que l'ordre des couleurs était le suivant : *violet, bleu, jaune, blanc, rouge* et *vert*. Les têtards élevés dans la lumière violette avaient accumulé une quantité de matériaux nutritifs telle, qu'elle leur a permis de résister plus que les autres au manque de nourriture, tandis que ceux soumis à l'action des lumières rouge et verte, et que nous avons toujours vus si chétifs, succombaient très rapidement.

Il est regrettable que les rayons verts n'aient pas été étudiés par Moleschott et Fubini, mais les rayons rouges se rapprochent beaucoup de l'obscurité ou lui sont même inférieurs (Chasanowitz) quant à leur action sur la respiration, place qui leur est également ment donnée par nos expériences sur le développement.

Et maintenant, nous venons de rapporter les résultats bruts de nos expériences sans qu'il soit possible pour le moment d'en donner une explication complète. L'influence des lumières simples et de la lumière blanche s'opère-t-elle par l'intermédiaire du système nerveux ou par une action directe sur les tissus? Moleschott a montré autrefois que l'œil prend part à l'augmentation de l'acide carbonique exhalé par les grenouilles sous l'influence de la lumière. Dans les mêmes conditions de température et d'intensité lumineuse, la valeur moyenne de l'acide carbonique produit par les grenouilles aveugles est à celle des animaux intacts dans le rapport de 490 à 561 ou de 1 à 1,14. Plus récemment, dans son travail fait en collaboration avec Fubini, il est arrivé à des résultats analogues pour les lumières colorées.

« Pour ce qui concerne la lumière colorée sur les animaux aveugles, disent-ils, nous avons obtenu les mêmes résultats que sur les animaux voyants, avec cette différence toutefois que le degré de l'effet est moindre. L'action de la lumière bleu violacé, sur les mammifères aveugles, est diminuée d'une façon plus grande que celle de la lumière rouge. »

Et plus loin ils ajoutent : « L'influence de la lumière d'exciter l'échange de la matière prend le chemin non seulement des yeux, mais aussi celui de la peau. Lorsque la lumière agit par l'une ou l'autre de ces voies seulement, l'effet est moindre que lorsque les deux voies sont ouvertes. Chez les grenouilles et les mammifères, l'effet obtenu par l'une de ces voies est égal à celui obtenu par l'autre, mais la somme de ces deux effets est moindre que lorsqu'elles sont ouvertes l'une et l'autre, ce qui fait supposer qu'elles s'excitent réciproquement. La respiration parenchymateuse, tant qu'elle est mesurée par la quantité d'acide carbonique exhalée, s'accroît sous l'influence des lumières autant que la respiration dans son ensemble. »

Cette influence sur le système nerveux demande encore à être étudiée dans ses relations avec celle qui opère directement sur la peau. Par cette voie, nous parviendrons certainement un jour à nous rendre compte des singuliers résultats que nous venons de résumer. Il nous faut donc multiplier les expériences et bien remarquer que ces études, en ce qui nous concerne du moins, n'ont porté que sur des animaux aquatiques.

IV.

L'ÉTUDE PRATIQUE

DE

LA ZOOLOGIE MARINE.

Autrefois, — il y a vingt ou trente ans, — lorsqu'un naturaliste se trouvait dans la nécessité, pour résoudre un problème, de recourir à quelque espèce marine, il lui en coûtait beaucoup de peine et d'argent. Il devait s'enquérir du lieu, parfois très distant de sa résidence, où se rencontrait l'espèce désirée, s'y transporter, chercher embarcations et pêcheurs, s'installer dans quelque hôtel incommode et là, seul, sans autres ressources que celles qu'il se créait sur place et qu'il devait à sa propre initiative, il passait des semaines, des mois souvent en préparatifs, en tentatives infructueuses, perdant du temps faute de bibliothèque, s'arrêtant en chemin faute de réactifs, et s'en revenant parfois « Gros Jean comme devant, » fort mécontent d'une mauvaise saison imprévue ou de quelque autre contre-temps, qui ne lui avait pas permis de de recueillir le matériel désiré.

D'ailleurs, cette bonne fortune de pouvoir se rendre au bord de la mer n'était à la portée que de quelques-uns ; le jeune chercheur ou l'étudiant à la bourse légère, ne pouvait seulement pas y penser dans la plupart des cas. — Aujourd'hui, grâce à l'initiative de quelques hommes éminents, les choses ont bien changé à cet égard. On a vu s'établir, sur les côtes de la plupart des mers, des stations à poste fixe. Leurs fondateurs, ajoutant à leur expérience personnelle celle des nombreux explorateurs côtiers, les installèrent là où la faune est à la fois la plus abondante et la plus variée. — Ils réunirent dans des locaux spéciaux tout ce qui peut être utile au zoologiste, microscopes, instruments de dissection, aquariums, bibliothèque spéciale, etc. Ils dressèrent — qu'on me passe l'expression — des pêcheurs pour la recherche des animaux inférieurs, ils leur apprirent à distinguer les grands groupes, puis les genres, voire même les espèces, à noter leur habitat ordinaire, à établir des listes des objets les plus communs, à signaler ceux qui sont rares, etc. Ils achetèrent des embarcations à rames, à voiles, à vapeur, des instruments de sondage et de draguage ; puis ils invitèrent les uns gratuitement, les autres selon rétribution, les savants de tous les pays à venir profiter de ces richesses et de ces commodités. Les recherches au bord de la mer, qui n'étaient l'apanage que de quelques-uns, furent de cette manière mises à la portée de tous.

On ne se déplace plus qu'à coup sûr, certain par avance de rencontrer un matériel tout préparé pour ainsi dire, et le concours d'individus tout éduqués.

Le service rendu par là à la zoologie est immense et, pour s'en convaincre, il suffit de feuilleter quelque journal scientifique où sont partiellement consignées les recherches faites dans ces laboratoires; ouvrir, par exemple, les *Archives de Zoologie expérimentale* de M. de Lacaze-Duthiers, le célèbre fondateur du laboratoire de Roscoff (Finistère), ou les *Mittheilungen* de la station de Naples, dont nous parlerons plus loin, et l'on verra que de mémoires originaux, que de trouvailles importantes se sont faits dans ces stations.

Il serait banal à l'heure qu'il est d'accentuer trop longuement l'importance des animaux inférieurs dans les études zoologiques. On est habitué à leur voir jouer un rôle principal dans les théories modernes, et de fait ce sont ces organismes élémentaires qui nous font voir le plus loin vers les origines de la vie. — Les magnifiques travaux de notre siècle, ceux qui servent de base à la philosophie biologique, doivent beaucoup à leur connaissance. — D'un autre côté, la mer est une nourrice infatigable; tous les embranchements zoologiques y sont représentés depuis la monère jusqu'au mammifère; l'abondance des individus y est extrême, elle offre sans cesse un matériel immense dont l'étude est devenue un complément indispensable à l'éducation d'un naturaliste. C'est dans ce sens qu'on peut dire que, si les stations zoologiques sont du plus grand secours pour le savant qui poursuit des recherches originales, elles sont un véritable bienfait pour le jeune homme qui vient y contempler pour la première fois les richesses inouies de la mer.

On rencontre des stations zoologiques ou de simples laboratoires, sur l'Atlantique, la Manche, la mer du Nord, l'Adriatique, la Méditerranée, etc. Dans certains pays, en France notamment, elles sont si nombreuses qu'elles ne peuvent toutes prétendre à d'égales subventions de la part du gouvernement.

Nous allons donner un aperçu de l'une de ces stations, celle de Roscoff, installée sur la côte du Finistère, à 5 kilomètres de Saint-Pol-de-Léon, dans une contrée où depuis quelques années conduit un chemin de fer, ce qui en facilite naturellement beaucoup l'accès. En moins de quatorze heures, on peut s'y rendre depuis Paris.

Mais avant de nous arrêter à Roscoff, jetons un coup-d'œil d'ensemble sur les eaux voisines.

La mer bretonne ne possède pas les grâces de la Méditerranée, et les avis sont très partagés sur leurs vertus respectives. Il y aurait peut-être là une source d'intéressantes comparaisons psychologiques : dis-moi laquelle de ces mers tu préfères, je te dirai qui tu es. D'un côté, une délicieuse harmonie, le calme, la douceur, les couleurs éclatantes, les suaves parfums ; de l'autre, des agitations inouïes, les teintes sombres et mélancoliques, toutes les violences, les tumultes, les âcres et pénétrantes odeurs. Ici, une gentillesse générale qui vous captive et vous apaise ; là, une majesté d'ensemble qui trouble et exalte.

Quels contrastes entre le golfe de Salerne et la baie des Trépassés, entre le cap Misène et la pointe de Raz !

Moins salée que la Méditerranée, par conséquent moins pesante, la mer bretonne est plus sensible aux étreintes du vent, elle se soulève davantage, ses vagues tiennent de l'Océan la hauteur et la puissance (1). Une tempête sur ses côtes est autrement horrible et grandiose que sur celles du Midi. Le vent, y soufflant longtemps d'un même point de

(1) Un litre d'eau puisée à Nice laisse, après évaporation, 41 grammes de sels, c'est-à-dire 6 grammes de plus que le même volume d'eau pris à Roscoff. (Frédéricq.)

l'horizon, anime des masses d'eau colossales, il paraît y être plus persistant dans ses colères et plus mal intentionné. La hauteur des vagues méditerranéennes est de 3 à 4 mètres, leur plus grande élévation atteint 9 mètres; elles sont en moyenne doubles dans l'Atlantique, on en a mesuré jusqu'à 13 mètres. Vous représentez-vous ce déplacement vertical d'un navire, un tel enfoncement dans une vallée liquide de quarante pieds de profondeur!

Lorsque de si grosses lames viennent heurter les écueils de granit, elles s'y brisent avec une telle puissance, qu'on entend leur mugissement à plusieurs kilomètres sur la terre, et elles se transforment en gouttelettes ténues qui, emportées par les courants, atteignent à des hauteurs prodigieuses. C'est ainsi qu'on a vu à Roscoff, dans le Finistère, cette poussière des vagues arroser le ·clocher de l'église; parfois même en hiver, elle est assez abondante pour suspendre de longues aiguilles de glace aux voussures de l'édifice.

On comprend que le vieux sol breton, si dur pourtant, cède à la longue devant de pareils assauts. Un auteur contemporain affirme que, sur certains points des côtes de l'Est de l'Angleterre, où la roche est tendre, la mer pénètre dans les terres, à raison de deux à trois pieds par année, ce qui est considérable. (1) Je ne sache pas qu'on ait tenté

(1) Les personnes que ces questions intéressent trouveront

pareille mesure sur les côtes de la Bretagne, mais du sommet de ses rochers on voit souvent, par les temps d'orage, les vagues déformer la grève, en pousser les galets jusque dans les cultures et produire ainsi une énorme action mécanique. Depuis huit ans que je l'observe, la côte des environs de Roscoff a certainement changé de tournure. Que sera-t-elle dans un siècle, dans mille ans?

Cette agitation perpétuelle, cette fièvre chronique explique en grande partie la configuration des rives de la Bretagne. Nulle part elles ne sont plus déchirées, plus pantelantes et plus sauvages; nulle part on ne rencontre plus d'angles, plus d'échancrures, plus de pointes aigües, plus de cavernes.

Parmi ces dernières, dont plusieurs sont célèbres, il en est qui moulent exactement la vague; quelques-unes sont très vastes, tout en ne possédant qu'une petite entrée. C'est le cas de la curieuse grotte de l'Autel, sur la côte de Morgat. On ne peut la visiter qu'en bateau et, lors des très grandes marées, elle se ferme complétement, tandis que sa chambre intérieure mesure encore plusieurs mètres de hauteur. La mer obstinée empiète ainsi toujours plus

quelques indications précises dans la *Géographie universelle* de M. Reclus et surtout dans un ouvrage de M. Alexandre Chèvremont, intitulé : *Les mouvements du sol sur les côtes occidentales de la France*. Paris, Ernest Leroux, 1882, ainsi que dans la *Géographie de la Gaule romaine*, par M. Ernest Desjardins, Paris, 1877.

sur le littoral de la vieille Armorique, à peine com-
battue par les alluvions de quelques fleuves.

On sait que les légendes bretonnes ont consacré
le souvenir de cités depuis longtemps disparues.
L'existence de la plus fameuse d'entre elles, la ville
d'Is, résidence du roi Grallon, qui repose depuis
plus de quatorze siècles au fond de la baie de Douarnenez, est démontrée par la trace de plusieurs
vieilles routes sur la côte, qui convergent vers
elle et, mieux encore, par les explorations faites en scaphandre sur son emplacement. Quelques
plongeurs hardis, ont pu se promener dans ses
rues encore marquées par des pans de murs écrou-
lés, restes informes de ses maisons; ils y ont retrouvé des allées d'arbres que signale la base de
leurs troncs noircis.

Non loin de là, au cap de la Chèvre, le chanoine
Moreau a retrouvé, il y a fort longtemps déjà, au
sein de la mer, des restes d'habitations, dont il a
pu tirer des armes et des vases anciens.

Il est vrai que cet immense travail de dénivelle-
ment est accéléré par des mouvements du sol qui
reconnaissent d'autres causes. Ce sont parfois des
exhaussements, comme on l'a constaté près de
Saint-Brieuc, où reposent, en des points où les plus
hautes marées actuelles n'atteignent plus, des rochers percés par des mollusques lithophages. Ces
derniers, ne pouvant vivre que sous l'eau, témoi-

gnent que les rocs qu'ils ont troués ont dû être immergés. Mais ce sont le plus souvent des affaissements, comme le prouvent les forêts de chênes, dont les troncs antiques se montrent encore debout sur les fonds de sable, par le temps calme. De vieilles chartes de l'abbaye du Mont-Saint-Michel portent mention des bois qui la séparaient de la terre et dont l'engloutissement eut lieu en l'an 709, à la suite d'une marée extraordinaire. Plus anciennement encore, tout le territoire de l'abbaye, émergé des eaux, était sans doute réuni à l'archipel Chausey et au plateau des Minquiers.

De pareils vestiges ont été vus également dans la baie de Sainte-Anne, à l'entrée du port de Brest, au nord de Plouescat, à Dol et ailleurs. Un habile naturaliste, observateur passionné des grèves bretonnes, M. P. Parize, auquel nous devons plusieurs de ces détails, a découvert tout récemment dans le port même de Morlaix, à quelques kilomètres de la mer, les traces d'une ancienne forêt, consistant en un grand nombre de chênes énormes, plusieurs fois séculaires, enfouis par dix et douze mètres de profondeur, dans les vases marines de la rivière.

« Ces robustes troncs, écrit-il, mis à nu par les travaux de construction d'un nouveau quai, gisent empilés sur plusieurs couches dont on n'a pénétré que la première; leurs bases, lorsqu'elles se sont trouvées à la hauteur voulue, ont servi pour asseoir les fondations; d'autres ont été sautées à la dynamite, et le reste, en nombre difficile à apprécier, mais atteignant probablement plusieurs centaines, restera encore enfoui pendant bien des siècles sous le lit de la rivière et servira, dans les âges futurs, de repère pour l'étude des mouvements oscillatoires de notre sol. »

D'ailleurs, le nombre immense d'îles et d'îlots semés dans toute l'étendue de la mer bretonne, comme autant de fragments détachés du continent, témoigne de la violence des eaux. Souvent ces îles sont reliées à la grande terre par des bas-fonds, des bancs de sable amenés par les courants. Les unes se font presqu'îles à la basse-mer, les autres, déjà très affaissées, sont près de disparaître. La péninsule de Quibe on, dans le Morbihan, ne tient plus à la terre que par un isthme étroit qui se recouvre complètement au temps des grandes eaux. A cinq kilomètres de Roscoff, l'île de Batz n'en est séparée que par un chenal, que le courant alternatif de flux et de reflux élargit toujours, mais que quelques personnes ont cependant franchi à pied par les marées du mois de septembre, alors que la dépression du reflux, atteignant dix mètres environ, augmente le pourtour de l'île d'à peu près quatre kilomètres.

Et ces îles, lentement dévorées par le ressac, sont toutes empreintes d'une singulière mélancolie;

elles sont pour les marins un éternel objet d'appréhension et de terreur. Combien de grands et beaux
navires sont venus s'y briser! De combien de scènes
de désolation n'ont-elles pas été les témoins! Il me
souvient de l'impression que nous ressentîmes au
mois d'août 1879, dans les parages d'Ouessant, lorsque notre petite barque de pêcheur traversa, par un
ciel superbe et une eau limpide, les centaines d'é-
paves d'un navire belge, qui, la nuit précédente,
par un temps également calme, avait sombré sur
un écueil. C'étaient des vêtements déchirés, des
chaussures dépareillées, des avirons brisés, des
corps humains livides, qui portaient les traces
d'une lutte horrible et acharnée. Vingt-sept marins
venaient de périr!

N'y a-t-il pas quelque chose de sinistre jusque
dans les noms de ces contrées, île *Tristan*, baie
des *Trépassés*, passage du *Corbeau*, les *pierres Noires*, etc.?

Or, contraste nouveau dans cette région de contre-
sens et d'antithèse, ce sépulcre est en même temps
un berceau! La mer bretonne, qui fait tant de victimes, donne naissance à des myriades de créatures; la pêche y est si variée et si abondante que,
toute périlleuse qu'elle soit, chacun succombe à la
tentation. Aussi voit-on les rives sillonnées de petites embarcations solides, qui profitent du repos
de la mer pour gagner le large et puiser au sein de

l'infatigable nourrice de quoi alimenter les populations côtières. Les sardines, les maquereaux, les bars, les congres, les turbots, les raies y sont surtout abondants. Les êtres dont je veux parler sont, par contre, délaissés par les pêcheurs : ce sont eux qu'interroge le naturaliste, auquel ils donnent parfois de curieuses réponses.

Le nom de Roscoff, à peine connu il y a quelques années, est célèbre aujourd'hui dans le monde savant. Imaginez une petite ville bretonne, quelques centaines de maisons, vieilles pour la plupart, ornées de meneaux de pierre et de gargouilles bizarres, ramassées à l'extrémité d'une pointe de terre qui avance dans la mer, entre la rivière de Morlaix et la baie de Pouldu. La petite ville, triste et silencieuse, est dominée par une vieille église que surmonte un clocher à dôme et devant laquelle une large place s'ouvre sur la mer. La population, composée de très braves gens, un peu rétifs au premier abord, mais aussi honnêtes que fidèles à leurs traditions, cultive un sol riche en légumes et s'adonne passionnément à la pêche.

C'est là qu'est installé depuis une quinzaine d'années le laboratoire de zoologie, fondé et dirigé par un éminent naturaliste français, M. de Lacaze-Duthiers, qui a réussi, après bien des luttes et des déboires, à en faire une école de premier ordre pour la connaissance des choses maritimes. Nulle part, on n'a plus et mieux étudié les opulences que la mer bretonne cache dans son sein; nulle part, le débutant n'est mis en contact plus intime avec ces êtres infiniment variés, demeurés trop longtemps mystérieux; nulle part, il ne peut mieux pénétrer dans leur existence intime, les comparer entre eux, se familiariser avec leurs mœurs. Et pour le dire tout de suite, s'il existe des instituts zoologiques plus somptueux et mieux aménagés, aucun ne met le jeune naturaliste plus avantageusement aux prises avec les animaux dont il veut faire la conquête. C'est à Roscoff qu'il faut achever un apprentissage devenu toujours plus désirable et plus nécessaire.

La zoologie ne se contente pas, comme elle le faisait autrefois, de décrire des formes, de déterminer des espèces et de dresser des catalogues. Rendue audacieuse par les triomphes d'une légion de savants, elle vise aujourd'hui à un but plus élevé. Elle comprend non seulement l'étude de ce qui est, mais aussi de ce qui a été, elle ne se borne pas à la constatation des faits accomplis, elle veut expliquer comment ils s'accomplissent. C'est ainsi que l'intérêt qui s'attache à la connaissance de la forme d'un organe est centuplé par celle de sa genèse et de sa fonction. Aussi les travaux des naturalistes ont-ils pris une direction nouvelle. Ils veulent tout scruter dans le champ de l'animalité; nous les voyons s'attacher de nos jours avec une égale ardeur aux recherches d'anatomie et de physiologie dans tous les degrés de l'échelle des êtres, à l'étude des mœurs et des phénomènes psychiques chez les organismes les plus simples et les plus élémentaires.

Mais, pour accomplir un programme si vaste, les ressources de l'observation pure ne sont pas suffisantes. Par d'ingénieux artifices, en créant des conditions particulières, en faisant ce qu'on appelle des *expériences,* le chercheur oblige la nature vivante à parler.

Dans le magistral *Rapport sur les progrès de la Physiologie générale,* rédigé par Claude Bernard, à l'occasion de l'Exposition universelle de Paris en 1867, l'illustre savant avait classé d'une manière trop exclusive la zoologie, c'est-à-dire l'étude rationnelle des animaux, parmi les sciences qui ont la simple observation pour instrument.

« Toutes les sciences naturelles, disait-il, sont des sciences d'observation, c'est-à-dire des sciences *contemplatives* de la nature, qui ne peuvent aboutir qu'à la *prévision.* Toutes les sciences expérimentales sont des sciences explicatives, qui vont plus loin que les sciences d'observation qui leur servent de base, et arrivent à être des sciences d'action, c'est-à-dire des sciences *conquérantes* de la nature. »

Il résultait d'affirmations, ainsi données sous une forme absolue, que le rôle du zoologiste devait se borner à regarder passivement les organismes sans songer à agir sur eux ; à les décrire sans essayer de les expliquer. La tendance actuelle des zoologistes est précisément contraire à cette théorie. C'est pourquoi M. de Lacaze-Duthiers ne voulut pas accepter le rôle restreint que traçait le grand physiologiste. Il lui répondit dans une série de publications, où il s'efforçait de démontrer par de nombreux exemples, empruntés à l'histoire de la zoologie, que depuis longtemps cette science devait une partie de ses succès à l'application des règles de la méthode expérimentale.

Et c'est en manière de protestation, pour affirmer plus hautement ses idées, que M. de Lacaze-Duthiers donna à son institut de Roscoff le titre de *Laboratoire de zoologie expérimentale.*

Depuis longtemps, le savant professeur de la Sorbonne explorait les côtes de la Manche et de l'Océan. Il avait d'abord rêvé la création d'une sorte de laboratoire ambulant, à l'instar de ceux qui existent en Hollande, un laboratoire qui put facilement être déplacé et qui, après avoir épuisé les ressources d'une grève, pût être transporté sur une autre. Mais après qu'il eût découvert la côte roscovite et vu de près ses richesses inouïes, il comprit combien un laboratoire-école, installé à poste fixe en cette région privilégiée, pourrait rendre d'éminents services à tous ceux qui s'occupent de zoologie marine. C'était en 1873; M. de Lacaze, se décida pour cette dernière alternative et ne cessa depuis lors de donner tous ses soins au perfectionnement du laboratoire de Roscoff. Il terminait, par ces mots, l'annonce de cette précieuse innovation : « Travailler et travailler avec ardeur, voilà tout ce que je désire, tout ce que je veux, voilà tout le programme de l'institution qui s'organise. »

Il est superflu, à l'heure qu'il est, d'insister beaucoup sur l'importance des animaux inférieurs dans les études d'histoire naturelle. Les protozoaires, les cœlentérés, les échinodermes, les tuniciers, les molluscoïdes qui ont si considérablement élargi l'horizon de nos pensées, sont à peu près exclusivement marins, ils sont abondants à Roscoff et ont déjà fourni la matière de recherches remarquables.

Les commencements du laboratoire furent modestes. Le local consistait en une simple maison, dont les chambres spacieuses, ayant vue sur la mer, servaient en même temps de lieux de travail et de repos. Les naturalistes — et parmi eux les étrangers reçurent dès le début la plus large hospitalité, — n'avaient donc pas le souci de chercher un logement à leur arrivée. Ils pouvaient s'installer tout de suite et se mettre au labeur. Chaque chambre contenait une grande carte marine, permettant de se diriger tout seul sur la grève, un annuaire des marées, des vases, des scalpels, un microscope;

des réactifs divers, tout ce qui est nécessaire pour chercher, disséquer et conserver les animaux.

Derrière le bâtiment principal, du côté de la mer, un hangar vitré était muni de grands bassins où vivaient en parfaite santé les êtres soumis aux études. C'est là qu'étaient soignés les appareils de sondage, de draguage, les différentes sortes de filets utilisés pour la pêche. Et lorsqu'au retour d'excursions lointaines, les travailleurs apportaient leur butin, le hangar présentait une animation extraordinaire.

Un petit bateau à rames, *la Molgule*, et un voilier plus grand, *le Pentacrine*, servaient pour le transport des savants jusqu'aux roches avancées, sur lesquelles la pêche est surtout fructueuse à l'époque des grandes marées.

Tout cela était très simple et très profitable cependant, puisqu'il est né grand nombre de travaux importants dans le vieux laboratoire de Roscoff! Il a été visité par des naturalistes de tous pays, dont quelques-uns fort célèbres, Carl Vogt, Bogdanow, Edmond Perrier par exemple, ne lui ont ménagé, dans ses jeunes années, ni les éloges, ni les encouragements. Cette simplicité doit demeurer le principal trait du caractère de Roscoff. Aujourd'hui que la plupart des universités se construisent des laboratoires qui sont des palais et qu'elles rivalisent pour y entretenir un outillage compliqué, ne laissant, pour ainsi dire, aucune place à l'initiative et aux efforts personnels des chercheurs, il est bon qu'il y ait quelque part, sur les bords de la mer, une haute école, où le naturaliste soit obligé de surmonter les difficultés techniques, et où il doive s'ingénier à construire de ses mains mille petits appareils, au fur et à mesure de ses besoins. Ce n'est pas que je n'apprécie les services rendus par les instruments de grande précision qui se répandent toujours plus dans les centres scientifiques, mais il ne faut pas oublier que leur maniement est difficile et qu'au bord de la mer où le temps est si précieux, il est bon de savoir obtenir de grands résultats avec de petits moyens.

Actuellement, le laboratoire de Roscoff a considérablement grandi; son habile directeur a réussi à le faire annexer aux laboratoires qu'il dirige à la faculté des sciences de Paris; il a acquis une vaste propriété, la concession d'un chemin donnant immédiatement accès sur la grève; il a fait construire des aquariums, des viviers et a, petit à petit, doté son établissement de tout ce qui est nécessaire pour les recherches. Plus de deux cents personnes l'ont fréquenté depuis sa fondation; presque toutes les nations, Angleterre, Suisse, Belgique, Hollande, États-Unis, Grèce, Russie, Roumanie, Serbie, Égypte, y ont eu des représentants; ce n'est pas le moindre sujet de surprise pour le touriste égaré dans la petite ville bretonne que d'y rencontrer, durant la belle saison, fraternisant sur le terrain neutre de la science, tant d'individualités diverses. M. de Lacaze-Duthiers, qui est un maître toujours très écouté, y envoie, pendant les vacances, ceux de ses élèves qui aspirent à enseigner plus tard; c'est un heureux complément de leurs études à Paris. Il n'est, en effet, pire professeur de science que celui qui s'est contenté d'apprendre dans les livres et n'a vu qu'en gravures, empaillés dans les musées ou conservés dans l'alcool, les objets dont il parle. Il lui est impossible de faire comprendre l'organisation d'un être, s'il ne l'a disséqué lui-même; il lui est impossible de critiquer une théorie scientifique, s'il ignore de quelle façon elle s'est formée. Or, dans un laboratoire de recherches, c'est beaucoup moins la science qu'on apprend à connaître que la manière dont se fait la science; beaucoup moins les faits eux-mêmes que les méthodes usitées pour les découvrir; et c'est ainsi qu'il s'y forme de vrais savants, qui agrandissent à leur tour les connaissances humaines. Un laboratoire comme celui de Roscoff peut donc être considéré comme un bienfait.

Les jeunes gens qui viennent aujourd'hui y terminer leurs études générales travaillent en commun dans une grande salle, mesurant plus de 300 mètres carrés : c'est « l'aquarium », fort bien éclairé et parfaitement aménagé. Il s'ouvre sur un vaste bassin, un *vivier*, dans lequel sont emprisonnés les animaux, rapportés de la grève ou dragués dans les profondeurs. Un système de vannes permet d'y régler le niveau de l'eau, de le mettre en communication avec la mer ou de l'en séparer; les habitants de l'aquarium sont donc à l'abri des intermittences de la marée.

A quelque distance, adossé contre un îlot qui le garantit des fortes houles du Nord, on a construit un parc, limité par des murs solides, et au fond duquel on a eu soin d'accumuler de grosses pierres, spécialement choisies pour que nombre d'organismes délicats s'y réfugient. C'est une sorte de propriété particulière dans la mer, où des générations de colonies animales se succèdent sans être dérangées par les cultivateurs, lors de la récolte du goëmon, ainsi qu'il arrive sur les autres points de la grève.

Dans l'aquarium lui-même, un moulin à vent — précieux engin dans un pays où l'air est presque constamment agité — fait marcher les pompes. Celles-ci emplissent d'eau fraîche de vastes réservoirs, qui alimentent à leur tour des bassins plus petits, où l'observateur peut suivre toutes les phases évolutives des organismes, depuis l'œuf jusqu'à l'état parfait. Récemment, une machine à vapeur a été acquise.

Le bâtiment est surmonté d'un belvédère, d'où

l'on surveille à la longue-vue les opérations de draguage qui se font au loin dans les flots, car on ne se contente pas à Roscoff de fouiller la grève. Un grand et beau bateau, *la Laura*, est venu augmenter la petite flottille de l'ancien laboratoire. Il tient fort bien la mer et promène sur le fond, à plusieurs kilomètres au large, l'engin des corailleurs, le *faubert* comme on l'appelle, qui est un excellent appareil de draguage et ramène dans ses filets des créatures qui ne viennent jamais sur la côte.

Quant aux animaux pélagiques, qui flottent à la surface des eaux, ces êtres élégants, qui font la fortune de la baie de Villefranche, du golfe de Naples et du détroit de Messine, sont relativement moins nombreux à Roscoff que les animaux côtiers. Toutefois, ils n'en sont pas tout-à-fait absents; le laboratoire possède ce qui est nécessaire à leur capture. Lorsque par une mer calme, on promène une coiffe de fine mousseline à l'avant du petit bateau à rames, on récolte bien des choses intéressantes.

Enfin, le laboratoire de Roscoff possède une bibliothèque, qui comprend des collections de journaux et de revues zoologiques, ainsi que les grandes monographies des animaux marins; une salle spéciale lui est réservée auprès du local attribué au musée. Depuis longtemps, on rassemble les plus beaux échantillons de la faune roscovite, et ainsi se forme peu à peu une collection d'un prix inappréciable.

C'est au milieu de toutes ces ressources que les naturalistes, les vrais naturalistes, ceux qui sentent brûler en eux le feu sacré, mènent une existence charmante et laborieuse. Dès l'aube, ils sont à leurs études, interrompues seulement à l'heure de la marée. Alors ils descendent au rivage et se dispersent dans toutes les directions, à la recherche des matériaux de leur travail.

Le monde vivant de la grève est un monde à part, un monde fort imparfaitement connu encore, parce qu'il n'est pas facile à voir. Chaque visite qu'on lui rend est un véritable voyage de découvertes. Il est rare qu'on en revienne sans un nouvel objet d'étude. — Sur les lieux mêmes, une foule de faits étranges s'offrent à l'observateur, qui n'en apprécie pas tout de suite la signification, en sorte qu'il doit y retourner souvent s'il veut bien les comprendre. On sait combien de générations de naturalistes ont vu les coraux et les hydraires sans reconnaître leur véritable nature. Peut-être en est-il de même aujourd'hui de plusieurs êtres inférieurs, auxquels notre ignorance fait une réputation imméritée.

La grève de Roscoff est immense et, lorsque la mer la découvre, la contrée change totalement d'aspect. Elle est parsemée de nombreux récifs, construits des roches et des minéraux les plus variés. Le granit, les schistes, le porphyre, la diorite y dominent; la tourmaline et l'émeraude n'y sont pas rares. Ces blocs de pierre d'une grande dureté, jetés comme par hasard, au fond de l'eau, offrent aux animaux de nombreux refuges, de solides points de fixation. Les uns sont entièrement recouverts par la haute mer; les autres, qui portent pour la plupart des noms bizarres, les Bourguignons, Tiza-o-Zoon, Beck-Lem, les Bisaïers, dépassent, de leur sommet, le niveau des plus grandes eaux. Leur base, tour à tour mouillée et desséchée, abrite certaines espèces, qui trouvent dans cette alternance de sécheresse et d'humidité, une condition favorable à leur complet épanouissement.

Nous allons, si vous le voulez bien, faire une petite promenade dans ce dédale de pierres et de créatures de toutes sortes. Je ne connais pas d'exercice plus salutaire; l'esprit et les sens sont constamment tenus en éveil sur la grève, il y faut braver le vent, qui parfois souffle en rafales, et la pluie, la fine et pénétrante petite pluie de Bretagne, qui souvent fouette le visage. On y devient plus fort, plus robuste, on y secoue la poussière des villes, on y aspire à pleins poumons l'air rude et délicieux, purifié par les flots.

C'est donc l'heure de la marée, la mer commence à descendre. Nous chaussons des espadrilles, nous nous coiffons du béret traditionnel qui tient solidement à la tête et, chaudement vêtus, munis d'un seau de toile imperméable, de quelques flacons pour loger notre récolte future ; d'un *avanneau,* sorte de grand filet manché pour fouiller le dessous des rochers, de pinces, de couteaux, de loupes pour saisir et mieux voir, nous suivons la mer.

Il s'agit d'abord de nous résigner à ne pas regarder tout à la fois. Qui trop embrasse mal étreint ! Tant de choses captivantes se présentent devant nous, qu'au premier moment on ne se donne pas la peine de bien voir l'une, avant de passer à l'autre ; si nous continuions ainsi, nous perdrions notre temps, nous reviendrions au logis l'esprit peuplé d'images confuses et sans avoir rien appris. Première règle par conséquent, qu'il est plus facile d'énoncer que de suivre : il faut se limiter.

En second lieu, il est bon généralement de se demander au départ quel champ spécial on désire explorer et de ne pas dresser pour une seule excursion un trop vaste programme.

La grève de Roscoff se divise en deux régions, la région des roches et celle de l'herbier. On donne ce nom d'*herbier* à la zone plus profonde qui se découvre en dernier lieu, parce que le sol sous-marin y est tapissé d'épaisses couches d'algues et de varechs. Dans cette zone, on distingue plusieurs niveaux, selon les espèces de plantes qui dominent et qui sont de précieux points de repère pour le chercheur. Le point le plus élevé de l'herbier, comprend surtout des Fucus; le plus bas abonde en Laminaires, auxquelles se mêlent de grosses touffes de Sargasses. Entre eux deux est une zone caractérisée par la présence presque exclusive d'un fucoïde très long, jaune ou vert, si glissant qu'il faut beaucoup d'adresse pour y marcher sans tomber et qui est connu sous le nom d'*Himanthalia*. Cette zone ne se découvre qu'aux plus grandes marées, alors que les Laminaires peuvent elles-mêmes être atteintes par l'explorateur, qui ne craint pas de plonger assez profondément ses jambes dans l'eau.

Toutes ces plantes donnent à la grève une teinte mélancolique et qui porte à la rêverie. Mais à peine avons-nous posé le pied sur notre champ de recherche qu'une foule de petites bêtes nous rappellent à la réalité. Ce sont des talitres (*Talitrus saltator*), qui sautillent ainsi que des légions de puces sur le sable et les herbes sèches, faisant entendre un grésillement comme le bruit de la pluie. Et puis des troupeaux de crabes (*Cancer maenas*), aussi bons coureurs que nageurs habiles. Leurs grands yeux mobiles témoignent de l'inquiétude, leurs pinces insuffisantes, — du moins chez les petits individus — pour les protéger contre le gros animal qui les dérange, se tiennent à tout hasard sur la défensive.

Conscient de sa faiblesse, le petit crabe cherche à se cacher au plus vite, sous quelque rocher où, hors de tout danger, il semble faire la nique, se frottant d'aise les antennes entre ses pinces. Si, au contraire, vous réussissez à l'atteindre, il résiste avec vaillance, déployant une force musculaire étonnante et une grande ingéniosité dans ses moyens de défense. Et parmi ces derniers, il en est un fort original. Un crabe, saisi par une patte, la brise volontairement et continue sa course avec les autres. Il se casse la patte sans douleur apparente, sans perdre une goutte de sang, selon un mécanisme étudié précisément au laboratoire de Roscoff, par le professeur Léon Frédericq, de Liége.

Il y a lieu de distinguer un grand nombre d'espèces de crabes, dont quelques-unes peuvent être mangées. C'est le cas par exemple du grand tourteau (*Cancer pagurus*), que l'on rencontre assez souvent dans l'herbier. Il faut être prudent avec lui, le saisir par derrière, éviter ses pinces formidables et le rapporter en tout cas, car outre l'intérêt qu'offre sa dissection, sa chair n'est point mauvaise; les marins l'estiment presque autant que celle du homard. C'est là d'ailleurs une question de goût fort discutable; il faut croire que nous autres continentaux, nous différons d'avis, puisque sur le marché de Paris, par exemple, la valeur du plus gros tourteau atteint à peine le dixième de celle d'un homard de taille moyenne et qu'on ne le sert pas dans les restaurants à la mode. Il est vrai qu'au bord de la mer on devient moins difficile et, si l'astronome Lalande mangeait autrefois des araignées par friandise, nous avons, certain jour, dévoré, sur les côtes de Bretagne, l'araignée de mer (*Maïa squinado*), par nécessité.

C'est une figure des plus grotesques que le Maïa! Imaginez un gros corps ovoïde supporté par dix pattes très longues, une espèce de boule recouverte d'une houppe d'algues, d'éponges, d'hydres de toutes sortes, qui dissimulent complètement la carapace. Cette dernière est ornée elle-même de pointes calcaires et de piquants, qui offrent autant de points d'appui à ses hôtes multiples. L'animal, véritable forêt ambulante, est certainement protégé par ce recouvrement étrange, qui fait illusion à ses ennemis. Du reste, il n'a pas d'agilité et nous ne manquerons pas de le prendre, ce nous sera un magnifique sujet d'étude pour le laboratoire.

A peu près au même niveau que le Maïa, abondent les Bernards-l'Ermite (*Pagurus*). Arrêtons-nous auprès d'eux, ils en valent la peine. Leur abdomen est si mou, que tout crabes qu'ils sont, ils le logent dans une coquille de mollusque abandonnée, et au fond de laquelle ils réussissent à se dissimuler entièrement. C'est tantôt une coquille de troque qu'ils choisissent, tantôt celle d'un buccin, toujours une coquille turbinée, plus ou moins semblable à celle de notre escargot, en sorte qu'obligé de se mouler contre ses spires, le Bernard-l'Ermite devient asymétrique et prend une forme très drôle. Le jeune recherche une petite coquille proportionnée à sa taille, mais qui bientôt devient trop étroite. Il doit alors changer de domicile, et rien n'est amusant comme de suivre les mouvements de l'animal en train de déménager. Il lui faut marcher en arrière et longtemps tâtonner, jusqu'à ce que son malencontreux ventre ait exactement rencontré l'orifice du nouvel appartement. Si, durant ce manège, un malin naturaliste vient à taquiner le crabe, à lui chatouiller le train postérieur, particulièrement délicat, il assiste au spectacle le plus comique. La malheureuse bête ne sait plus où donner de la tête, ses longues pinces s'agitent et se redressent pour garantir l'abdomen contre des attaques, sans doute très douloureuses. D'ailleurs, le Bernard-l'Ermite est bon vivant, très vorace comme tous ses congénères. Son existence est souvent poétisée par l'amitié fidèle d'une magnifique anémone de mer (*Sagartia parasitica*), qui vient se fixer sur sa coquille.

C'est ainsi que la solidarité, qui existe entre tous les êtres vivants, produit parfois de curieuses associations. Le Bernard-l'Ermite et la Sagartia, tout en appartenant à des groupes zoologiques fort différents, s'entendent à merveille et, malgré l'épaisseur du coquillage qui les sépare, entretiennent ensemble un commerce aimable. Ils se rendent de mutuels services. Le crabe promène l'anémone, lui prépare sa nourriture et s'habitue si bien à la société de son amie que, lorsqu'il prend une nouvelle demeure, il la détache avec ses pinces et la transporte avec lui, en l'entourant de soins touchants.

Les crabes communs qui courent sur la grève de Roscoff portent fréquemment sous l'abdomen une sorte de sac jaunâtre ou violacé, que les pêcheurs croient être un œuf. C'est en réalité un parasite et un parasite si extraordinaire, qu'il est demeuré jusqu'à ces derniers temps comme une énigme. Il a reçu à cause de sa forme le nom de *Sacculine* et, si nous venons à l'ouvrir d'un coup de canif, nous en verrons sortir des myriades de petites larves nageantes, qui nous prouveront, par leur ressemblance avec celles de beaucoup de crustacés inférieurs, que la Sacculine, malgré son corps ovoïde et tout d'une venue, doit être classée parmi les animaux articulés. Mais comment, de l'état d'entière liberté dont elle jouit à l'aurore de sa vie, devient-elle captive? Comment réussit-elle à percer l'épaisse cuirasse du crabe, sur lequel elle se développe? Comment se déforme-t-elle si totalement, que d'animal symétrique qu'elle est à ses débuts, elle prend une apparence aussi monstrueuse?

Voilà la question que se sont dès longtemps posée les naturalistes sans savoir y répondre. Le problème n'a été résolu que dernièrement, au laboratoire de Roscoff, par les recherches persévérantes d'un habile observateur, M. Yves Delage, aujourd'hui professeur à la Faculté des sciences de Paris. C'est à coup sûr l'une des plus brillantes découvertes qu'on ait faites là-bas; elle montre à quoi peuvent atteindre l'intelligence et l'obstination dans le travail scientifique.

L'anatomie de la sacculine adulte dévoile que le sac suspendu sous le crabe n'est qu'une partie du parasite. Celui-ci, fixé aux téguments de son hôte par un court pédoncule, continue à l'intérieur, en de nombreux prolongements radiciformes, qui se ramifient sur l'intestin du crabe, sur son foie, ses muscles, etc.; drainant, pour ainsi dire, tous ses organes et y pompant les liquides nutritifs nécessaires à son accroissement. Si pénétrant que soit un tel compagnon, le crabe ne paraît pas trop en souffrir, il le traîne partout après lui et ne s'en préoccupe pas autrement.

A l'époque de sa reproduction, la sacculine donne naissance à des jeunes, qui ne lui ressemblent pas du tout. Ce sont des animalcules microscopiques qui possèdent un œil médian, une paire d'antennes et deux paires de pattes bi-ramées, au moyen desquelles elles s'élancent dans la mer. Dépourvues de bouche, ces larves consomment une réserve alimentaire qu'elles portent à leur intérieur et subissent une série de mues, à chacune desquelles correspond un perfectionnement dans la forme de leur corps. Celui-ci ne tarde pas à se segmenter, à se diviser en anneaux sur lesquels naissent de nouvelles paires de pattes. Lorsque le nombre de ces dernières atteint la douzaine, la sacculine se met en quête d'un hôte, un crabe toujours : elle le choisit jeune et pas trop dur. Puis, elle s'attache à lui au moyen de ses antennes, elle se fixe solidement à un poil de ses jambes, dans le voisinage d'une articulation où la peau est moins résistante, car pour continuer à vivre, la petite bête doit percer l'armure du crabe et pénétrer à l'intérieur.

Ce mode d'introduction n'avait jamais été soupçonné avant M. Delage. L'idée d'une migration de la sacculine à travers son hôte n'était venue à l'esprit d'aucun investigateur, et l'on comprend combien faisaient fausse route ceux qui cherchaient la larve sous l'abdomen, où se rencontre l'adulte. Ce n'est, je le répète, qu'à force de soins, de patience et d'ingéniosité que M. Delage est parvenu à constater que, pour arriver au ventre, la sacculine passe par la patte ; qu'avant de se montrer au dehors, elle mène une vie interne et cachée.

Une fois fixée sur la jambe du crabe, la jeune sacculine se modifie énormément. Elle fabrique à sa partie antérieure un dard, qui rappelle par sa forme la fine canule d'une seringue et qui lui sert à se frayer un passage ; opération périlleuse où beaucoup de sacculines succombent, mais lorsqu'elle est effectuée, le parasite est à peu près certain de vivre sans difficulté.

Devenue interne, la sacculine est comme une chenille de papillon qui doit passer à l'état de chrysalide ; elle subit une rénovation totale, tous ses tissus se liquéfient pour se reconstituer peu à peu. Elle se déplace lentement à travers la cavité du corps du crabe, jusqu'à ce qu'elle ait atteint la face antérieure de son abdomen où, grossissant, elle finit par former une tumeur, d'abord légère, mais qui augmente sans cesse et prend la dimension d'une noisette.

Telle est l'histoire de ce curieux être, mais pour l'accomplir, il doit surmonter de si nombreux obstacles, qu'il lui faut produire un nombre immense de larves, dont quelques-unes seulement achèveront le cycle de leur développement.

Voisins des crabes par leur organisation, sont les *homards* et les *crevettes*. Les premiers habitent les profondeurs, il est rare qu'ils s'aventurent jusque dans l'herbier du rivage. On pêche le homard sur toutes les côtes de la Bretagne, il y donne lieu à un commerce fort important, plus important que sa proche parente la *langouste*. Il existe à Roscoff un vivier qui peut héberger jusqu'à 100,000 homards, et un grand bateau, un « homardier », spécialement aménagé dans ce but, les exporte vivants en Belgique et en Angleterre.

La pêche aux crevettes est la distraction suprême de ceux qui n'en ont pas d'autres, au bord de la mer. Chaque matin, dans les stations balnéaires, on voit partir des troupes de touristes, un filet sur l'épaule, un petit panier d'osier sur la hanche. Ils vont tous à la recherche des grandes flaques d'eau dans les fonds isolés où se tiennent les crevettes. Ce sont des jeunes filles frissonnantes sous la brise de mer, des mamans craintives qui les suivent à grand'peine, assurant leurs pas sur le goémon glissant, un peu ridicules parfois par l'excès de leurs précautions. Ce sont des baigneurs, anémiés par l'air vicié des villes, dont le dandysme et les raffinements contrastent avec la simplicité native des vieux pêcheurs à la peau jaunie et ridée, qui sont là aussi, sentant le poisson à distance, connaissant tous les coins et recoins de la grève. Et puis, ce sont des enfants, jambes nues et cheveux au vent, si jolis dans leurs petits costumes de marins, proclamant, par des cris d'effroi et de longs éclats de rire, leur surprise et leur gaîté.

Les crevettes se tiennent de préférence à l'ombre des rochers, où l'eau est transparente. Elles attendent en sautillant, joyeuses, le retour de la mer; elles ont tant de grâce et de sveltesse qu'on hésite quelquefois à en ravir, mais que voulez-vous! leur chair est si exquise, qu'on en prend quand même le plus qu'on peut!

Nous ne laisserons pas passer les crevettes sans profiter de leur transparence pour jeter un coup d'œil sur leurs organes internes. On trouve souvent dans leur cavité branchiale un parasite — crustacé lui-même — le bopyre (*Bopyrus squillarum*), qui soulève si fort la carapace de la crevette, qu'elle en paraît bossue. Il vit presque toujours par couple et offre un frappant exemple de dimorphisme sexuel. Le mâle, vingt fois plus petit que sa puissante épouse, ne la quitte jamais; il demeure fidèlement attaché à l'orifice de ses ovaires et il est si petit qu'il faut le chercher parmi les lamelles cornées qui ornent son abdomen.

L'avanneau, promené dans les champs de zostères, se remplit de petits poissons de tous les âges, qui demeurent pris dans les touffes d'herbes marines : on y rencontre surtout des *blennies*, des *rougets*, des *syngnathes*. Ces derniers ont une forme d'aiguille avec un museau allongé, ils imitent si bien les plantes filamenteuses dans lesquelles ils vivent, qu'il est difficile de les y reconnaître. Cousins germains des *hippocampes* (chevaux marins), ils présentent comme eux cette particularité intéressante et peu commune dans le règne animal, que c'est le père qui prend soin de la progéniture. La femelle pond ses œufs dans deux sortes de poches, deux replis membraneux, que le mâle — époux aussi complaisant que père irréprochable — porte à la naissance de la queue et dans lesquelles ils demeurent jusqu'au moment de l'éclosion.

La grande majorité des poissons suivent la mer dans son retrait, il est rare d'en trouver de forte taille sur la grève. Toutefois, il arrive qu'on met la main sur quelque *raie* égarée, frappant le sol de ses larges nageoires comme de deux ailes puissantes. Les habiles savent trouver aussi le *congre,* espèce de grande anguille de mer qui mesure jusqu'à deux mètres de longueur, et qui vient parfois misérablement échouer sur les pierres, pour le plus grand bonheur de ceux qui estiment sa chair.

Il est un autre poisson qui, à certaines époques, abonde sur la grève : sa pêche s'effectue par des procédés extraordinaires. Le lançon (*Ammodytes lancea*) est cylindrique, pointu à ses extrémités, son corps argenté est d'une excessive mobilité. Au temps des équinoxes, il vient se promener en troupes immenses dans le voisinage des côtes et, au lieu de suivre le mouvement des eaux qui s'abaissent, il se réfugie dans les grands bancs de sable. C'est là, sur ce sol mouvant, qu'on le capture; sa pêche est une réjouissance pour la jeunesse du pays. Dans le Finistère, on s'y prépare longtemps à l'avance, on en cause, on s'y donne rendez-vous. Le soir venu, — la pêche est plus fructueuse de nuit que de jour — jeunes gens et jeunes filles descendent des hameaux d'alentour et se dirigent en groupes joyeux vers le banc de sable le plus avancé en mer. Ils portent tous un panier sous le bras, une serpette à la main, car cette pêche singulière ne comporte ni filets, ni hameçons.

Puis, on entend de loin une sorte de grésillement, accompagné de chants plaintifs; ce sont les pêcheurs accroupis, qui frappent en cadence le sable de leurs serpes, tout en fredonnant de vieux refrains. Une rivalité s'établit entre eux, c'est à qui prendra le plus de poissons; l'habileté consiste à « crocher » le lançon par la lame courbée et à le tuer du coup. Autrement, une seule seconde lui suffit pour s'ensabler de nouveau, et le temps presse, car la marée ne tarde pas à remonter, qui met fin à la pêche. Dans les cas les plus heureux, lorsque le banc de sable « frétille », une seule personne peut prendre un millier de poissons par heure, et c'est une grosse bonne fortune, car la chair du lançon est si savoureuse, qu'elle a beaucoup de valeur. Certains pêcheurs possèdent une réputation spéciale pour la prise de cette innocente et délicate petite bête.

Une autre recherche plus captivante encore, et qui touche aussi à la pêche, est celle des poulpes (*Octopus*). Ces êtres légendaires sont, en général, tout à fait inoffensifs, quoi qu'en ait dit Victor Hugo dans son fameux récit de la pieuvre. Au recul de la mer, ils vont paisiblement se blottir dans quelque trou, sous un rocher, et là, plongés dans une rêverie de mollusques, ils attendent le retour des flots.

Leur présence se trahit par les débris de leurs repas. Le poulpe est friand surtout de crustacés et de coquillages, dont il rejette les parties solides après les avoir parfaitement nettoyées; ce sont elles qui aident à le découvrir. Mais il se dissimule si bien dans sa cachette qu'il n'est pas aisé de l'en faire sortir; il faut d'abord le débarrasser des cailloux qu'il retient au moyen de ses ventouses et dont il se fait un rempart, puis on lui tend le bras sur lequel il se fixe aussitôt et, d'un vigoureux effort, on l'arrache de son logis.

Toute crainte est ici superflue : il faut bien mal connaître le poulpe, pour en avoir peur. J'en ai manié un grand nombre et leur ai fait subir des opérations douloureuses, je n'en reçus jamais qu'une simple égratignure; il vaut mieux pourtant ne pas s'exposer à ses morsures. Le poulpe porte autour de la bouche un bec corné, tranchant comme celui d'un perroquet. Les plus grands individus des côtes de Bretagne mesurent un mètre d'envergure, et leurs plus fortes ventouses ne dépassent pas le diamètre d'une pièce de deux francs. Elles sont toujours fermées en arrière et ne peuvent en aucune manière sucer le sang, ce sont de simples organes de fixation.

D'ailleurs, les pêcheurs qui emploient le poulpe

comme amorce, ne prennent pas avec eux beaucoup de précautions. Lorsqu'ils ont découvert le trou du mollusque, ils y introduisent une tringle de fer terminée en crochet et, bon gré mal gré, en retirent l'animal. Dans quel état! je vous le laisse à penser. Il y a de quoi faire frémir toute une société protectrice des animaux.

Il est vrai que le poulpe lui-même témoigne de peu de pitié pour ses victimes. Lorsqu'il s'attaque à un homard, par exemple, il commence par lui briser la carapace et en sort la chair par petits morceaux, c'est une lutte horrible, un spectacle navrant; le malheureux homard se démène longtemps avant que ses organes vitaux soient atteints.

Çà et là, dans les cours d'eau qui suivent la marée, nous rencontrerons de proches parents des poulpes, les seiches (*Sepia*) et les sépioles. Ces dernières sont de ravissantes petites bêtes, d'une agilité inouïe, de véritables voltigeurs de mer, qui disparaissent dans un nuage d'encre à l'approche du moindre danger.

Constatez que ce n'est pas leur seul moyen de défense. De même que tous les autres *Céphalopodes* — on nomme ainsi ces mollusques, parce qu'ils portent leurs pieds en avant de la tête, — les sépioles possèdent, dans l'épaisseur de leur peau, des cellules particulières, des *chromatophores*, qui renferment du pigment et qui, en s'étalant ou se contractant font varier leur coloration générale. Nous sommes ici en présence d'un curieux cas de mimique des couleurs. Comme le caméléon qui, vert dans le feuillage, devient gris sur le sable, les sépioles et les poulpes harmonisent leurs nuances avec celles du fond sur lequel ils s'ébattent, ce qui les protége contre les atteintes de leurs ennemis. D'ailleurs cette faculté, dont le mécanisme a été étudié par les physiologistes contemporains, n'est nullement exceptionnelle : on peut en citer des exemples à peu près dans chacun des groupes du règne animal.

Toutes les grèves du monde, celle de Roscoff plus encore peut-être que les autres, sont recouvertes de coquillages, périodiquement réunis par les vagues comme des épaves. Dans certains lieux, les courants ou les remous les amoncellent en si grande quantité, qu'on peut y reconnaître des assises superposées, passant peu à peu à l'état fossile et qui feront le bonheur des paléontologistes futurs. Nous assistons de nos jours à leur pétrification, et leur présence, jusque dans telle ou telle terre cultivée, permet de mesurer le relèvement du sol breton.

Les uns comprennent une seule pièce calcaire, contournée en spirale comme chez le limaçon; les autres sont aplatis, coniques ou tubulaires; d'autres enfin sont composés de deux lamelles mobiles autour d'une charnière, ainsi que c'est le cas chez l'huître. Tous ces coquillages font la joie des collectionneurs; ils revêtent souvent de magnifiques couleurs, et leurs ornements attirent le regard dans les musées.

Quant à nous, ce sont les animaux qu'ils renferment, qui nous intéressent surtout, malgré leur physionomie insignifiante. Leur dissection est rendue difficile par l'extrême délicatesse de leurs tissus; elle est appelée à résoudre bien des questions obscures et constitue toujours un excellent exercice pour les commençants.

Sur les rochers, se fixent les patelles ou *bénis,* dont la coquille en capuchon adhère si solidement qu'il faut s'armer de forts couteaux pour la détacher; les *haliotis* ou ormeaux, dont le pied large et volumineux est très goûté, dans une sauce moelleuse, par les gourmets du pays; les buccins, les pourpres, les littorines, les chitons, les nasses et beaucoup d'autres. Les *solens* ou couteaux de mer et les *myes* habitent le sable. Ils pompent l'eau nécessaire à leur respiration, au moyen d'un siphon musculaire, très extensible, et qu'ils retirent brusquement à l'approche d'un danger. Dans les localités où ils abondent, le sable de la grève, semblable à une immense écumoire, est criblé de petits trous, par lesquels ces animaux communiquent avec le milieu ambiant. Enfin, les *vénus,* les *cardiums,* les *peignes* (*Pecten*) se complaisent au voisinage des herbiers, où l'avanneau en ramasse abondamment.

L'industrie a su tirer parti de plusieurs de ces coquilles. Mordues par une goutte d'acide, elles deviennent si brillantes qu'on en fait de coquettes parures, des boucles d'oreilles, des colliers et des bracelets qui, dans les pays sauvages, servent le plus souvent à distinguer les chefs de tribu, mais qui sont aussi fort bien portées par les dames de nos contrées.

Tout ceci n'est qu'une petite fraction de la faune. Je n'en finirais pas si je voulais citer tous les êtres qui captivent le naturaliste sur la grève de Bretagne. Il est cependant impossible de passer sous silence l'innombrable et gracieuse légion des vers, les arénicoles, les térébelles, les myxicoles, les néréis, les syllis, les chétoptères, etc., dans l'étude desquels s'est illustré Édouard Claparède, notre éminent compatriote. Vous les rencontrez rampant dans les herbes, nageant dans les flaques d'eau que laisse la marée ou immobiles dans un tube qu'ils se fabriquent eux-mêmes.

Quelques-uns de ces derniers, les *tubicoles* comme on les nomme, étalent un panache de tentacules chatoyants qui leur servent en même temps à respirer et à toucher. Tout auprès, une légère dépression circulaire du sable indique la présence d'une *synapte* ou d'une *holothurie;* un coup de pelle en

fait sortir l'animal, qui porte dans sa peau des concrétions calcaires aux formes géométriques, telles
qu'une roue de voiture ou une ancre de vaisseau.
Et comment ne pas nous arrêter devant les oursins,
les « châtaignes de mer », qui recouvrent le sol
comme d'une prairie épineuse au milieu de laquelle
s'agitent les astéries et la rose comatule? Voici un
être qui est, à notre époque, comme le dernier vestige d'une ancienne splendeur, un des rares représentants actuels de la classe des Crinoïdes et qui,
de plus, a fourni l'occasion de l'une des plus belles
découvertes de la zoologie moderne.

On sait que, dans le cours de leur développement
individuel, les animaux supérieurs passent par une
série de formes qui, à un moment donné, sont très
voisines de celles des animaux inférieurs, dont ils
descendent. Le jeune mammifère, par exemple, se
distingue difficilement, avant sa naissance, d'un
jeune poisson ou d'un jeune reptile. D'autre part,
on a constaté qu'il existe une concordance entre le
développement d'un type organique quelconque, à
travers les périodes géologiques, et celui d'un individu de ce type durant les différentes phases de
son existence; en d'autres termes, nous savons que
tous les organismes récapitulent, pendant leur évolution embryonnaire, la succession des formes revêtues autrefois par leurs ancêtres. Cette loi est
devenue un guide précieux pour la détermination

des liens de parenté existant entre les animaux si divers de notre création actuelle et ceux, infiniment variés aussi, des faunes fossiles. Elle permet, pour une part, de dresser l'arbre généalogique des êtres qui peuplent aujourd'hui notre globe.

Or, la comatule, une sorte d'étoile de mer, dont les rayons plus ou moins ramifiés convergent vers un *calice* central, vit librement dans les eaux, tandis que tous ses ancêtres, qui pullulent à l'état fossile jusque dans les plus anciens terrains, demeuraient fixés au sol par une tige articulée. D'où la conclusion, si la loi précitée est juste, que la comatule doit, elle aussi, passer par une phase de fixation. C'est précisément ce qui a été observé, et nous savons aujourd'hui qu'à l'état larvaire, ce gracieux animal possède une tige, comme, ses arrière-grand'mères des époques devonienne et carbonifère.

Il paraît décidément qu'il faut renoncer aux notions de solutions de continuité et de bouleversement général, qu'enseignaient les naturalistes du commencement de notre siècle et admettre, au contraire, avec Linné que la nature ne procède jamais par sauts brusques, qu'elle évolue sans cesse d'une manière lente et progressive, en vertu de lois immuables que nous commençons seulement à entrevoir.

Cette conviction s'accentue toujours plus, à mesure qu'on étudie davantage le monde du fond des mers et qu'on suit, pas à pas, la croissance de ses individus. On raconte que Swammerdam, le grand observateur mystique du xvii° siècle, fut attiré vers l'étude de la nature, par le voisinage d'un marais renfermant toutes sortes d'animalcules étranges. On comprend une telle séduction sur la grève, à portée de cette source intarissable de vie, l'Océan ! Et l'on se prend parfois du singulier désir de vivre au milieu de ces créatures, de vivre de leur vie, pour mieux la comprendre, tout en conservant nos facultés supérieures de perception et de jugement.

C'est par dessus tout, cet inconnu imparfaitement révélé, cette vérité qui demeure obstinément voilée, ces mystères dont elle renfermera toujours la plus grosse part, qui font le charme éternel de la grève, et c'est pourquoi le naturaliste, qu'elle a tenté une première fois, ne s'en sépare qu'avec tristesse, ne peut jamais l'oublier et y revient avec bonheur. Et ceci est vrai surtout de la grève bretonne, à cause de sa richesse exceptionnelle et de sa sauvagerie sans égale.

Nous avons essayé de donner une idée, dans le chapitre précédent, des ressources multiples qu'un laboratoire modèle, comme celui de Roscoff, peut mettre à la disposition du naturaliste. Le profit que ce dernier en retire a été si universellement reconnu que, de tous côtés, on a créé des instituts du même genre. Complétons donc notre étude en nous transportant bien loin de la Bretagne, vers le Midi, au bord du golfe d'azur, dans la grande ville de Naples.

Nous rencontrerons là une station conçue sur un plan grandiose, il y a une quinzaine d'années, par M. le professeur D' Dohrn, dont l'établissement est vite devenu célèbre sous le nom de *Stazione zoologica di Napoli*.

Le choix de Naples pour l'établissement d'une station zoologique s'explique aisément. — Son golfe est l'un des plus riches que l'on connaisse, particulièrement en animaux pélagiques; grâce au travail descriptif entrepris à la station et sur lequel nous reviendrons plus bas, la liste des espèces napolitaines augmente chaque jour. — D'un autre côté, le peuple napolitain, essentiellement pêcheur, peut fournir d'utiles renseignements sur les mœurs des animaux, et la station a su s'en faire un précieux auxiliaire. — Les filets des pêcheurs ne rapportent pas seulement des représentants de cette classe dans laquelle le comte de Marsigli faisait entrer tous les poissons *qui se mangent,* par opposition à la classe des poissons *qui ne se mangent pas,* mais leurs mailles retiennent des animaux de toutes sortes, de ces *frutti di mare* de toutes les espèces, qui figurent aux étalages de Santa-Lucia. — Il était avantageux, par conséquent, d'établir la station dans le voisinage de la ville, afin que les pêcheurs pussent y apporter les produits de leurs pêches et, sous ce rapport, l'expérience a pleinement confirmé le sprévisions. Enfin, M. Dohrn, le fondateur de la station, avait habilement conçu le plan, qui a été exécuté du reste, de joindre à la station purement scientifique, dont les ressources s'offrent aux savants seuls, un grand aquarium, propre à attirer la curiosité du public et à vulgariser de cette manière une science qui prend de jour en jour plus d'importance. — Rien n'était mieux imaginé que de placer cet aquarium dans une ville dont les sites célèbres attirent chaque année un grand nombre d'étrangers. Il est vrai que sous ce rapport les espérances du directeur sont loin d'avoir été réalisées. Il avait pensé que les recettes résultant du droit d'entrée dans l'aquarium (1 franc en été et 2 francs en hiver) suffiraient à l'entretien de la station scientifique, mais le nombre des visiteurs ne s'est pas montré aussi grand qu'on était en droit de s'y attendre, étant donnée la richesse sans égale de cet aquarium et, d'un autre côté, les frais nécessités par son entretien ont dépassé les prévisions. Toutefois, si le but financier n'a pas été atteint, il faut reconnaître que l'aquarium de Naples se place au premier rang des curiosités d'une ville très riche déjà à cet égard.

C'est le long de la *Villa nazionale*, la plus belle promenade de Naples, et dans le voisinage immédiat de la mer, que s'élève le beau bâtiment rectangulaire construit à grands frais par M. Dohrn. Je n'entrerai pas dans le détail des difficultés de toute nature qu'a dû surmonter l'énergie de l'éminent naturaliste. A la suite de mille pourparlers, il obtint de la municipalité de Naples la concession d'un terrain d'une étendue de 704 mètres carrés, à la condition qu'après trente ans, la station tout entière deviendrait la propriété de la ville; un contrat ultérieur a porté la durée de la concession à 90 ans, temps après lequel Naples sera donc propriétaire de l'établissement. Une clause spéciale en assure toujours, du reste, la direction à la famille de M. Dohrn.

Le bâtiment est solidement construit, ses murs blancs et son élégante architecture le font ressembler à un palais. Une large entrée principale conduit dans *l'Aquarium*, qui est situé à peu près au niveau du sol extérieur. Une vaste salle, couvrant un espace de 260 mètres cubes, porte de trois côtés sur ses parois une série de vastes bassins, dont les dimensions varient et dans lesquels se meuvent, comme dans leur milieu naturel, des représentants de tous les groupes zoologiques. Des bassins analogues sont disposés, selon un rectangle, au centre de la salle, de telle manière que dans leur ensemble ces bassins représentent une véritable petite mer. Ils ne renferment, en effet, pas moins de 440 mètres cubes d'eau. Le plus grand d'entre eux, situé sur la face ouest, en renferme à lui seul 112 mètres cubes, c'est là que s'ébattent les grands poissons (Scyllum, Serranus, etc.). Sur la face sud, 11 bassins contenant ensemble 160 mètres cubes, font vis-à-vis aux bassins de la face nord, qui renferment 135 mètres cubes. Enfin, les bassins centraux ne contiennent qu'environ 35 mètres cubes, et ils donnent asile à certains crustacés, aux annélides, crinoïdes, cœlentérés, etc.

La canalisation qui conduit l'eau dans ces divers bassins est un chef-d'œuvre de construction. Je ne puis en donner la description, que l'on trouvera dans le rapport de M. Dohrn (1). Je dirai seulement pour donner une idée de son importance qu'il passe chaque heure dans les divers bassins un volume d'eau de dix mètres cubes, et que toutes les précautions ont été prises pour éviter les accidents inhérents à une pareille circulation. L'eau est puisée directement à la mer pendant les temps calmes au moyen d'une pompe système *California*, construite en Allemagne et alimentée par une machine à vapeur horizontale de la force de 4 chevaux. Elle est conduite d'abord dans le sous-sol du bâtiment, où elle séjourne, pendant huit ou dix jours, dans trois vastes citernes, de la contenance de 300 mètres cubes environ. Ce séjour est nécessaire, afin de laisser déposer les impuretés et donner à l'eau la transparence nécessaire.

C'est de ces citernes que différentes pompes élèvent l'eau, parfaitement claire et limpide, jusque dans le réservoir supérieur, d'où elle est distribuée dans chaque bassin. Toutes les conduites sont en caoutchouc durci, comme c'est le cas dans les aquariums anglais. Ce produit est très coûteux, il est vrai, mais il est très solide et a l'avantage de ne pas s'altérer au contact de l'eau de mer, condition

____

(1) Anton Dohrn. *Bericht über die zoologische Station während der Jahre 1876-77. Mittheilungen aus der Zool. Stat. zu Neapel.* Band I. Heft. I, p. 137.

essentielle, on le comprendra, pour le bien-être des animaux.

Cette abondante circulation est si avantageuse, l'eau si bien aérée, que l'expérience a montré que l'on peut sans inconvénients la suspendre pendant douze heures en hiver et six pendant l'été; elle suffit, à elle seule, à la respiration des animaux et ne nécessite aucun de ces stratagèmes (insufflation d'air, etc.) mis en usage, très habilement du reste, dans d'autres aquariums, celui de Berlin, par exemple. Elle est la cause de la bonne santé des animaux qui vivent dans le grand aquarium, aussi bien que de ceux mis en observation par les savants à la station dans les bassins particuliers dont nous aurons à reparler. Cette santé est si excellente que la station compte, relativement à la conservation des animaux dans ses bassins, des succès sans précédents. Il faut lire, pour s'en convaincre, dans les *Mittheilungen* les rapports de M. R. Schmidtlein, qui a eu la haute direction de cette partie de l'établissement.

C'est ainsi que, dans le bassin des Poulpes (*Octopus vulgaris*), on pouvait voir un individu de très belle taille l'habitant depuis plusieurs années; les poissons s'y conservent parfaitement pendant de longs mois, ainsi que les grands crustacés. Mais ce ne sont pas seulement les animaux supérieurs qui s'y ébattent et s'y multiplient « comme chez eux »;

ce sont ces êtres chétifs, délicats, transparents qui occupent les bas échelons de l'animalité. Rien n'est plus élégant et gracieux à la fois que le balancement des *Rhizostomum* ou des *Pelagia,* les ondulations du *Cestus Veneris,* la « marche » saccadée des *Salpa* ou le « vol » léger de certains Ptéropodes.

On comprend, en dehors de toute considération anatomique, de quel prix est un pareil établissement pour le naturaliste qui veut pénétrer les mœurs des animaux des profondeurs. J'ai dit que tous les grands groupes zoologiques y étaient représentés et, de fait, la richesse des familles et des genres divers y est vraiment incomparable. Il a fallu une longue étude pour connaître les affinités de caractères de tous ces animaux, rapprocher les amis et séparer les ennemis. A ce point de vue, l'Aquarium de Naples, ne laisse rien à désirer et, quoique je ne puisse entrer dans aucun détail — je ne trace que les traits généraux de cet établissement que tout naturaliste se fait un plaisir et souvent un devoir de visiter — je signalerai, comme attirant plus particulièrement la curiosité des visiteurs, les bassins des Annélides tubicoles, des Crinoïdes, des Coraux, Gorgones, etc.; celui des Hydroméduses, celui des Oursins, des gros Gastéropodes, enfin ceux des Poulpes, des Sépias et des Loligos. La station a publié un *Guide à l'Aquarium,* dans lequel se trouve une description sommaire des principales espèces qui s'y rencontrent.

Dans deux petits bassins isolés et mis plus directement à la portée des visiteurs, on trouve toujours, cachés dans du sable, quelques exemplaires du dernier des vertébrés, l'*Amphioxus*, « le vénérable Amphioxus », comme l'appelle un de nos plus fameux zoologistes, et un exemplaire de la Torpille dont la décharge électrique fait le charme et l'effroi de chacun.

Lorsqu'on entre à l'Aquarium, on est frappé au premier abord de la mystérieuse obscurité qui y règne. Cette obscurité, qui n'est que très relative du reste, trouve sa cause dans le fait que la lumière ne pénètre dans la salle qu'à travers les grands bassins qu'elle éclaire en premier lieu. L'éclairage est très bon, très égal et n'est pas une des moindres causes du bel entretien des animaux; il est fourni par dix-neuf fenêtres latérales, que l'on peut ouvrir pour la ventilation, et par un grand espace ouvert, qui laisse tomber la lumière du haut du bâtiment sur les aquariums centraux.

La station zoologique proprement dite, c'est-à-dire l'ensemble des laboratoires de recherches est située au premier étage. Rien n'est plus propre à montrer quelles sont les nécessités actuelles de la zoologie et de l'anatomie comparée qu'une visite à cet établissement, qui est à la hauteur des premiers instituts zoologiques de l'Europe.

On y arrive par un large escalier, à main droite du vestibule d'entrée, et l'on a un facile accès dans les diverses pièces qui le composent.

La plus grande de ces pièces, « le Grand Laboratoire », occupe la face nord du bâtiment et est haute de 25 pieds. Elle est divisée en deux étages par une plate-forme horizontale, que l'on atteint au moyen d'un escalier de fer. C'est sur les galeries latérales de la plate-forme qu'est aménagée la collection scientifique, très riche déjà et qui s'enrichit encore tous les jours. Dans la salle inférieure, se trouvent les tables offertes aux naturalistes, placées à proximité de larges fenêtres; elle reçoivent une bonne lumière, si nécessaire aux travaux microscopiques, et elles portent tous les réactifs employés dans la technique (1). En arrière, est fixé un long bassin mis à la disposition des travailleurs; en outre, une infinité de petits aquariums, de cuvettes, de bocaux, permettent à chacun de suivre, minute par minute, pour ainsi dire, le développement de tel ou tel animal. C'est dans cette salle et dans celles qui lui sont adjacentes que des travaux importants dont nous reparlerons plus loin ont été exécutés.

A main droite en sortant, on rencontre une autre salle, également remplie d'aquariums et qui est plus particulièrement destinée à la répartition des pro-

____

(1) Nous donnons une liste de ces réactifs à la fin de ce chapitre.

duits de pêche. C'est là que se tient l'employé auquel incombe la tâche de traiter directement avec les pêcheurs de la ville, qui viennent offrir chaque jour, comme nous le disions tout à l'heure, les curiosités zoologiques retenues dans leurs filets; il doit ensuite les trier et faire tenir aux savants le matériel nécessaire à leurs recherches. Cette salle est aussi très fréquen*ée par les naturalistes, qui sont presque toujours certains d'y rencontrer quelque surprise nouvelle, tantôt la présence d'une espèce rare, tantôt une monstruosité ou quelque singulier cas de parasitisme, etc.; elle est animée surtout au retour des expéditions de sondage et de draguage, alors que chacun vide ses seaux et ses flacons, sépare, distribue, met en réserve les échantillons qu'il veut conserver et ceux qu'il se prépare à étudier. On trouve également dans cette salle une grande table sur laquelle se pratique la dissection des grandes pièces (cétacés, poissons, etc.).

Enfin, dans chaque aile du bâtiment, sont logés des cabinets de travail particuliers, occupés par les assistants scientifiques attachés à la station. Dans tous se retrouvent des tables de travail et le matériel propre aux recherches spéciales de chaque assistant.

Le nombre des places est d'une trentaine, mais il peut être augmenté en utilisant la plateforme susmentionnée.

Il va sans dire que dans cette rapide description des locaux, je passe sur une foule de petites chambres (loges du concierge, des gardiens, etc.), et j'arrive à la plus belle pièce de l'édifice, qui fait face au grand laboratoire. — A tout seigneur, tout honneur! on l'a réservée à la bibliothèque. — A côté des locaux dans lesquels se fait la science, il était juste et nécessaire d'établir un sanctuaire pour les travaux terminés, pour les recueils où s'inscrit et se conserve la science acquise.

La bibliothèque de la station de Naples renferme plusieurs milliers de volumes; elle voit ses richesses s'accroître considérablement chaque année, et l'ambition de M. Dohrn est d'y rassembler tout ce qui a été publié sur la faune et la flore marines, surtout celles de la Méditerranée. — A l'heure qu'il est, on y rencontre tous les journaux et revues (au nombre d'environ 60) publiés dans les quatre langues principales sur la zoologie et l'anatomie comparée. — Depuis les grands in-folios aux superbes planches coloriées jusqu'aux modestes manuels avec de simples figures sur bois, on trouve sur ses rayons les œuvres principales qui ont contribué à l'avancement de la biologie. M. Dohrn, qui porte un intérêt tout particulier à cette branche de son Institut, reçoit directement des auteurs un grand nombre de mémoires originaux, et il a établi un système d'échanges entre les *Mittheilungen* qui paraissent

sous sa direction et la plupart des revues étrangères.

Ceux qui s'adonnent aux recherches scientifiques comprendront combien est précieuse une pareille bibliothèque, l'une des plus complètes qui existent en Europe. Le nombre des travaux publiés est tellement immense et celui des travaux qui se publient augmente tellement de jour en jour que la bibliographie est actuellement un des principaux soucis du savant. Il devient toujours plus difficile de se tenir au courant des connaissances acquises, et la concentration dans un même établissement de tous les documents nécessaires à ce travail est une véritable bonne fortune; elle assure déjà à elle seule à M. Dohrn la reconnaissance des naturalistes chercheurs.

La salle de la bibliothèque est ornée de fresques représentant des scènes maritimes, et l'on y salue les bustes de deux grands initiateurs, K.-E. von Baër et Charles Darwin. — Un conservateur y est spécialement attaché, qui a pour tâche l'élaboration d'un double catalogue, travail considérable, admirablement disposé pour guider dans les recherches.

J'ai à peine besoin d'ajouter que tous les dons en ouvrages, recueils, mémoires, etc., y sont reçus avec reconnaissance.

Mais les ressources de la station ne se bornent pas là. Il ne suffit pas au naturaliste de pouvoir sonder la structure des animaux, il lui faut encore les observer sur place, s'initier aux différents procédés de pêche, etc. Il doit donc pouvoir se rendre dans le milieu où ils vivent.

A cet effet, l'Institut de Naples est encore fort bien outillé. Outre les barques qui servent aux excursions à petite distance, il possède un précieux petit bateau à vapeur le *Johannès Müller* — Il l'a reçu en cadeau de l'Académie des sciences de Berlin, qui y a consacré la somme de 24,000 marks, dont 6,000 lui ont été accordés par S. Exc. le ministre de l'instruction publique de Prusse. — Il est en usage depuis le mois de mai 1877 et il a déjà rendu des services inappréciables. Le *Johannès Müller.* peut recevoir une quinzaine de personnes. Il a été longtemps dirigé par l'ingénieur de la station, M. Petersen, à qui incombait la tâche de veiller à son entretien et à ses perfectionnements. — Outre son chef, le vapeur porte trois marins expérimentés, un mécanicien, un chauffeur, un jeune apprenti et un nombre de naturalistes, qui varie selon le but des expéditions. — Il prend du charbon pour quatre jours et quatre nuits, supporte assez bien la grosse mer et file en moyenne 7 à 9 milles marins à l'heure. — Il avait été primitivement construit entièrement en tôle d'acier, mais l'eau de la Méditerranée étant fort salée, ce métal fut vite altéré et on dut dernièrement lui donner une couverture de bois, recouverte elle-même de lames de cuivre. Le gouvernail est entièrement en cuivre, l'hélice en bronze et son axe d'acier recouvert de bronze.

C'est sur ce bateau que se trouvent les instruments nécessaires aux sondages et aux draguages par lesquels on étudie la faune des profondeurs. — Un harpon et un fusil-révolver permettent la chasse des dauphins, qui ne sont pas très rares dans le golfe. Enfin, c'est à bord que l'on conserve le plus merveilleux des appareils qui aient ouvert à l'homme la connaissance des profondeurs de la mer : le scaphandre.

Un scaphandre avec tous ses accessoires coûte environ 3,000 francs; le budget de la station ne lui a pas permis jusqu'à présent d'en acquérir un pour son propre compte et, comme un pareil instrument lui est absolument nécessaire, elle s'est adressée au ministère italien de la marine, qui a mis très libéralement à sa disposition l'un de ceux qu'il possède.

Chacun connaît le scaphandre, et je n'ai pas l'intention d'en donner ici une nouvelle description. — Toutefois, ayant eu l'occasion de m'en servir pendant le récent séjour que j'ai fait à Naples, on me permettra de dire quelques mots sur les impressions que l'on éprouve dans le magnifique « royaume des poissons ». Ce qui frappe tout d'abord est la beauté des couleurs : le bleu domine partout, mais dans le bleu on distingue les teintes les plus riches, les nuances les plus variées. Puis, lorsqu'on a atteint le fond, ce bleu général, qui n'est autre que la couleur de l'eau sous différentes épaisseurs, s'émaille d'autres teintes empruntées aux algues, aux hydraires, aux bryozoaires, qui forment sur les rochers d'énormes touffes moussues, aux crinoïdes, aux étoiles de mer, aux mollusques, aux crustacés qui rampent ou s'ébattent entre leurs ramuscules. Les poissons aux écailles miroitantes s'approchent sans crainte du nouvel hôte de la mer, à tel point qu'on pourrait avec un peu d'habileté les capturer à la main ou dans une courte filoche à la manière des papillons aériens. La transparence de l'eau est si grande jusqu'à une profondeur de 20 à 30 mètres qu'on peut apercevoir les plus petites particularités d'un animal ou d'une plante et en retenir les moindres détails. On peut s'aider de la loupe et saisir à la pince les objets les plus ténus. Il faut remarquer que le scaphandre, et c'est en cela que cet appareil est vraiment admirable, si lourd, si massif, si incommode alors qu'on est encore à l'air, laisse au contraire une grande facilité de mouvements dans l'eau. La pression seule du vêtement en caoutchouc est gênante au premier abord, mais on finit par s'y habituer assez vite et, avec un peu d'habitude, un plongeur réussirait à accomplir sous l'eau les tours élémentaires de la gymnastique.

Cette aisance parfaite des mouvements permet de pénétrer entre les fentes des rochers, de se glisser au-dessous de leurs saillies et d'y poursuivre, jusque dans leurs recoins les mieux cachés, les algues et leurs hôtes ordinaires.

La respiration est si normale, qu'à ce point de vue on n'éprouve aucun malaise, la salivation est ordinairement accélérée, surtout chez les novices, mais elle n'est jamais si abondante qu'on ne puisse combattre cet inconvénient par des mouvements répétés de déglutition. Seule, la pression exercée sur le tympan est sensible, mais ici encore un peu d'habitude suffit pour vaincre la douleur et, là où elle paraissait intolérable au plongeur lors d'une première descente, elle passera inaperçue à la seconde. — Il serait dangereux de descendre pour une première fois un individu au-delà de 4 ou 5 mètres. — A 10 mètres, la pression est déjà respectable et cependant l'homme exercé descend deux ou trois fois plus bas. C'est ainsi que M. Petersen, notre maître dans l'art de plonger, très robuste et très accoutumé à cet exercice, descend jusqu'à la profondeur de 20 ou 30 mètres, c'est presque la limite du possible : sous l'énorme pression dont on est enveloppé, pression si forte que les vêtements pénètrent dans la peau, les mouvements respiratoires deviennent extrêmement fatigants, et il n'est guère possible d'y demeurer plus de 20 à 30 minutes. — On comprendra néanmoins, malgré cette limite imposée par les lois de la physique, comment le scaphandre peut rendre d'immenses services aux naturalistes. Il faut souhaiter que toutes les stations zoologiques en soient pourvues.

La sécurité est, du reste, très grande sous l'eau : on n'éprouve aucun sentiment de danger ; ce n'est pas cependant qu'on soit complètement à l'abri de ceux-ci, mais les précautions ordinairement prises les réduisent à un minimum qui n'est que rarement atteint. On trouvera plus loin des détails circonstanciés sur la pratique du scaphandre.

Les excursions à bord du navire ont le plus souvent pour but l'exploration sous-marine des basfonds, dans le voisinage des nombreuses îles qui environnent le golfe de Naples. Lorsque la drague qui est retirée par la machine à vapeur atteint le pont, c'est pour le zoologiste un moment rendu des plus intéressants par la visite des richesses rapportées. Ces richesses varient beaucoup, selon la profondeur et selon la nature du fond. Souvent ces explorations sont infructueuses et, après bien des peines, après avoir bravé les fatigues du draguage, on rentre chez soi les mains vides. — Mais, par contre, quelle rentrée triomphale lorsque la pêche a été abondante ou que l'on a eu le bonheur de capturer quelque espèce nouvelle !

Chaque fois qu'on laisse tomber la drague en un

point quelconque, on a soin de déterminer exactement sa position et d'en déterminer la profondeur.
On inscrit ces données sur un registre, en même
temps que la liste des espèces animales et végétales
rapportées. De cette manière, la faune des bas-fonds
du golfe de Naples sera parfaitement connue, c'est-
à-dire qu'on ne sera pas seulement renseigné sur
le nombre et la qualité des espèces qu'il renferme,
mais encore — et cela est de la plus haute importance, dans l'état actuel de la science — sur les
conditions physiques dans lesquelles elles vivent.
M. Dohrn et ses collaborateurs poursuivent là un travail analogue à celui entrepris sur le lac Léman par
MM. les professeurs Forel et Duplessis, sur les lacs
de la Suisse centrale par M. le Dr Asper, de Zurich,
sur les lacs italiens par M. le professeur Pavesi, etc.;
mais leur tâche est beaucoup plus vaste, étant
donnée la variété bien plus grande des êtres vivant
dans le golfe de Naples et de ceux qui y sont sans
cesse amenés de la grande mer par les courants.

La station de Naples poursuit donc plusieurs buts :
elle ne se contente pas d'offrir aux zoologistes des
ressources inépuisables, de présenter au grand public un magnifique aquarium, elle veut encore faire
connaître d'une manière exacte la faune du golfe.
La publication de cette faune sera une œuvre considérable, autant par la précision de son texte que
par la perfection de ses planches. Ce qui nous en a

été donné de voir nous a tout à fait émerveillé, et chacun peut admirer déjà les premières monographies de cette précieuse collection.

Ce n'est pas, en effet, un des moindres mérites de M. le professeur Dohrn que d'avoir su s'entourer d'hommes éminents qui, tout en l'aidant dans son entreprise, travaillent, selon leurs goûts et pour leur propre compte, le champ spécial auquel ils se sont voués. A ce point de vue encore, la station présente un grand avantage pour le jeune naturaliste, qui n'y rencontre pas seulement, dans la personne de Messieurs les assistants, des collègues dévoués, mais encore des maîtres savants et aimables. Ce sont eux qui peuvent le mieux guider les premiers pas dans une recherche, quel que soit du reste le champ dans lequel on la poursuive, car, s'adonnant chacun à une branche spéciale de la zoologie, ils représentent dans leur ensemble à peu près l'ensemble de cette science.

M. le docteur H. Eisig, très connu par ses importants travaux sur les annélides et l'un des premiers connaisseurs de ces animaux, exerce dans la station les fonctions de sous-directeur, tandis que M. le docteur Paul Mayer, dont les travaux sur les arthropodes ont également une haute valeur, donne ses soins assidus à la collection scientifique, qu'il sait faire rapidement progresser. Un de nos jeunes compatriotes de grand avenir, M. le docteur Arnold Lang

qui s'est déjà fait connaître par d'heureuses trouvailles sur les Planaires, travaille la plupart des
Platyelmes et avance rapidement dans l'élaboration
d'une grande monographie des Planaires; c'est lui
qui remplit délicatement les fonctions de bibliothécaire; délicatement ai-je dit, car, ayant affaire
avec tous les naturalistes, quelquefois bourrus et
difficiles, il sait toujours les satisfaire avec un tact
et une amabilité dont ils lui restent reconnaissants.
M. Lang manie avec habileté crayon et pinceau, et
sa complaisance sous ce rapport est souvent mise
à l'épreuve par ceux qui, moins heureux, n'ont pas
la même facilité pour le dessin. — J'ai déjà signalé
les multiples et précieux services rendus par
MM. Petersen et Schmidtlein, mais je dois rappeler
encore que la station a possédé, dans la personne de
MM. Fritz Meyer et docteur Müller, deux collaborateurs importants. Le premier, d'une grande habileté dans la facture des préparations microscopiques, travaille activement à une collection dont
les éléments seront mis sous peu à la disposition
de tous les naturalistes. — Un catalogue imprimé,
comprenant toutes les espèces microscopiques que
l'on pourra se procurer à la station, sera bientôt,
expédié dans les différents musées et universités.

M. le docteur Müller, savant chimiste, procède à la
préparation et à la conservation des pièces entières;
c'est à lui que nous devons ces magnifiques exem-

plaires qui font actuellement l'ornement de plus
d'un institut, ces *Physalies*, ces *Méduses*, ces *Ceintures de Vénus*, si délicats, et pourtant si heureusement fixés dans leur forme, si bien durcis dans
leurs éléments qu'ils peuvent aisément supporter
de lointains voyages. Les *Mittheilungen* publient
des listes des animaux ainsi conservés, avec le prix
modique pour lequel on peut se les procurer.

Enfin, je ne peux oublier maître Salvatore, chef
des pêcheurs, qui joint à une excellente connaissance des animaux celle de leurs lieux d'habitation. C'est à lui que s'adressent les naturalistes
pour tout ce qui concerne le matériel zoologique.

Je regrette que les bornes de cet article m'empêchent de parler des travaux botaniques qui se
sont poursuivis à la station de Naples. Ils ne sont
ni les moins intéressants, ni les moins importants,
plusieurs mémoires des *Mittheilungen* en font foi.
Du reste, un des assistants scientifiques, le docteur
Berthold, y poursuit avec un très grand zèle l'étude
des algues du golfe, et ses travaux illustreront à
leur tour les publications entreprises sous les auspices de M. Dohrn.

La station zoologique de Naples, telle que nous
venons de la décrire dans ses traits principaux, a
été ouverte aux naturalistes au mois de janvier 1874
et depuis cette époque elle a toujours progressé.
Raconter son histoire m'entraînerait trop loin et ce

serait faire dans une certaine mesure l'histoire de la zoologie dans ces dernières années. Les plus éminents naturalistes, tels que Oscar Schmidt, Claus, Ray-Lankester, Carpenter, His, Victor Carus, Balfour, Carl Vogt, Metzchnikoff, les frères Hertwig et beaucoup d'autres y ont travaillé. Elle a reçu, parmi les botanistes, le comte de Solms, le professeur Reinke de Gottingen, MM. Falkenberg, Schmitz, etc. C'est dans ses murs que se sont ébauchés les travaux de la plus grande valeur. Balfour y a puisé les éléments de son célèbre travail sur les Elasmobranches, Ray-Lankester et Bobretzky y ont étudié le développement des Céphalopodes et des Gastéropodes, Ihering y a beaucoup avancé sa grande publication relative à la phylogénie des centres nerveux chez les Mollusques, enfin les travaux de Grenacher sur l'œil des Arthropodes, de His sur la formation de l'embryon chez les Requins, de Spengel sur le Balanoglossus, des frères Hertwig sur le système nerveux des Actinies, etc. y sont nés.

Plus de 200 savants y ont été reçus jusqu'à ce jour et à peu près autant de mémoires y ont été élaborés. On peut bien se rendre compte par là de son importance.

La détermination des espèces y est facile, grâce aux ouvrages spéciaux que possède la bibliothèque; les travaux anatomiques et microscopiques y sont aisés, l'étude du développement s'y fait admirablement, grâce à l'abondante circulation qui assure le bien-être des jeunes larves, il n'est pas jusqu'à la plupart des animaux de grande mer qui n'y vivent et s'y reproduisent, comme nous l'avons dit. Tout ce qui concerne la morphologie y est donc admirablement pourvu. Mais il restait un complément à lui fournir : M. Dohrn l'a compris et ses efforts ont été couronnés de succès. Il a pu lui adjoindre un laboratoire de physiologie comparée, appelé à rendre de grands services.

La morphologie pure n'est, en effet, qu'une des faces de la Biologie : à côté d'elle se développe plus modestement, plus difficilement il est vrai, la physiologie comparée. — Dans ce champ, la pure observation ne suffit pas, il faut y joindre l'expérience. Un matériel considérable est plus nécessaire pour provoquer des phénomènes nouveaux dans la nature que pour constater purement ceux qu'elle nous offre. — La station de Naples a donc dû tenir compte de la direction imprimée à la science, dans ces derniers temps. — S'il m'est permis à ce propos d'exprimer un souhait, je dirai encore que l'adjonction d'un petit laboratoire de chimie à celui de physiologie serait très heureuse. Il faut quelques réactifs indispensables pour les études relatives à la digestion par exemple, et quels progrès n'est-on pas en droit d'attendre de la connaissance de la composition des tissus et des transformations chimiques qui se passent chez les êtres in-férieurs! MM. Plateau, Frédericq, Geddes, Krukenberg, ne nous ont-ils pas déjà révélé dans ce domaine des faits d'une haute importance? L'étude des pigments, des sécrétions, etc. emprunteront toujours des secours à la chimie. Cadette parmi ses sœurs, les autres sciences biologiques, la physiologie expérimentale comparée n'en est que plus appelée à rendre des services et à éclaircir nombre de points obscurs.

Et maintenant, on est en droit de se demander comment se maintient financièrement une pareille entreprise. Le budget de la station roule annuellement sur une somme supérieure à 100,000 francs, qui donne lieu, comme on peut bien le penser à une importante comptabilité. Le traitement des assistants scientifiques et celui des nombreux employés (marins, pêcheurs, garçons de laboratoire, gardiens de l'aquarium, etc.), les frais de réparation et d'entretien, les achats quotidiens d'animaux, les réactifs et la bibliothèque consomment donc chaque année une somme assez ronde. — On sait que, pour subvenir à ces dépenses, la station loue aux différents gouvernements et aux universités des tables de travail pour la somme annuelle de 1,500 marks. Voici un tableau des tables actuellement occupées :

Le gouvernement prussien entretient......	3	tables.
L'Académie des sciences de Berlin........	1	»
Le grand-duché de Baden..............	1	»
Le Wurtemberg.............	1	»
La Bavière.........................	1	»
La Saxe...........................	1	»
Hambourg et Hesse-Darmstadt (ensemble).	1	»
L'Association britannique pour l'Avancement des sciences....................	1	»
L'Université de Cambridge.............	1	»
La Hollande.......................	1	»
La Belgique.......................	1	»
La Suisse.........................	1	»
La Russie.........................	2	»
Le gouvernement italien..............	4	»

Chaque possesseur de table a le droit d'y envoyer un naturaliste pendant dix mois de l'année. — Ordinairement une commission spéciale procède à ce soin. C'est ainsi, par exemple, que chez nous, en Suisse, les cantons qui possèdent une université ou une académie se sont associés à la société Helvétique des sciences naturelles pour parfaire la somme nécessaire à l'entretien d'une table, et ils ont nommé une commission, présidée par M. le professeur Vogt, de Genève, à l'effet de désigner les naturalistes qu'elle juge convenable d'envoyer en séjour à Naples.

La durée de ces séjours varie beaucoup, et plusieurs naturalistes peuvent s'y succéder dans le courant d'une même année. — L'université de Berne y a été représentée par le Dr A. Lang, celle de Zurich par le Dr Keller, l'Académie de Lausanne y a envoyé M. le professeur Duplessis, celle de Neuchâtel, M. le professeur de Rougemont, enfin MM. Bedot, Zschokke et l'auteur de cet article y ont représenté l'université de Genève.

On pourrait s'étonner de l'absence de la France et de l'Autriche sur la liste des locataires de table. On s'expliquera cette exception par le fait que ces deux pays entretiennent chacun des laboratoires pour la zoologie marine. La France en possède à Roscoff, à Banyuls, à Concarneau, à Wimereux, à Marseille, à Cette, etc. L'Autriche possède la station de Trieste.

Outre le revenu fourni par ses tables, la station zoologique profite du droit d'entrée à l'Aquarium, mais il est vrai d'ajouter que les frais d'entretien de ce dernier engloutissent largement cette somme. La station vend encore depuis quelques temps des animaux admirablement conservés, mais ce n'est là qu'une minime source de revenu, et les dépenses excéderaient de beaucoup les recettes, si le gouvernement allemand qui, dès la fondation de la station, lui a témoigné beaucoup d'intérêt, n'avait voté une subvention annuelle, qui lui permet de marcher en avant.

La station de Naples, outre la grande faune du

golfe, publie encore régulièrement, depuis l'année 1878, un recueil qui a pour titre : *Mittheilungen aus der zoologischen Station zu Neapel, zugleich ein Repertorium fur Mittelmeerkunde.* — C'est là que paraissent une partie des travaux qui y sont faits et les rapports que publie son directeur.

Telle est la station de Naples, une des fondations les plus utiles qui se soient faites à notre époque, au profit des sciences biologiques. Si elle a beaucoup demandé, elle a largement rendu, et l'argent qui y a été consacré rapporte le plus noble des intérêts, le progrès scientifique.

On ne peut guère lui souhaiter le succès, puisqu'elle y vogue à pleines voiles, mais la continuation du succès; c'est la légitime espérance de son fondateur et le vœu sincère de l'auteur de ces lignes (1).

Voici la liste, d'après un rapport de M. Dohrn, des fournitures placées sur chaque table; elle donnera une idée des réactifs les plus nécessaires dans la technique :

(1) Ce chapitre, écrit il y a quelques années à mon retour d'un séjour de trois mois à la station zoologique de Naples, donne une idée qui n'est plus qu'approximative des efforts faits par M. Dohrn et ses collaborateurs, en vue de créer à Naples un laboratoire exemplaire. Depuis lors, tous les services de ce laboratoire ont été encore perfectionnés, les publications se sont multipliées et Naples est devenue un centre de recherches zoologiques d'une activité sans pareille.

Alcool à 70 %.
Alcool à 90 %.
Alcool absolu.
L'eau distillée.
Liqueur de Muller.
Solution 5 % de bi-chromate de potasse.
Chlorure de calcium.
Acétate de potasse.
Alun.
Chlorure d'or à 1%.
Azotate d'argent à 1%.
Acide chromique.
Acide osmique à 1%.
Acide chlorhydrique pur.
Acide acétique concentré.
Acide picrique.
Acide oxalique concentré.
Acide pyroligneux.
Acide azotique concentré.
Acide sulfurique.

Soude caustique.
Potasse caustique.
Ammoniaque caustique.
Huile d'olive.
Graisse pure.
Huile de térébenthine.
Huile de girofle.
Créosote.
Chloroforme.
Éther.
Glycérine.
Teinture d'iode.
Solution de bleu de Berlin.
Baume de Canada.
Gomme arabique.
Carmin de Beale.
Solution simple de carmin à 3 %.
Hématoxyline aqueuse.
Hématoxyline à l'alcool.
Fuchsine.
Picro-carmin.

V.

LA FAUNE PROFONDE DES LACS DE LA SUISSE,
SON ORIGINE ET SES RELATIONS
AVEC LES FAUNES LITTORALE ET PÉLAGIQUE.

Les grandes explorations entreprises depuis une trentaine d'années par les différents gouvernements d'Europe et d'Amérique, dans le but d'étudier spécialement et d'une manière précise la faune et la flore, ainsi que les conditions d'existence des animaux et des végétaux, dans les profondeurs des mers, ont révélé une foule de faits imprévus.

La connaissance de ces faits a modifié, sur plusieurs points, nos vues relatives à l'évolution du monde organique et largement accéléré les progrès des sciences biologiques. Elle nous a ouvert des horizons nouveaux sur la population de la plus grande portion de notre planète, celle qui est recouverte par les eaux.

Si, d'un côté, l'histoire naturelle a rencontré dans ces explorations un champ fécond en phénomènes curieux et nouveaux, l'hydrographie des grandes profondeurs en a, d'autre part, beaucoup profité; elle a pu être complétée au point de permettre l'établissement de cartes bathométriques, assez exactes et assez multipliées.

Grâce à ces recherches souvent renouvelées, et portées sans cesse vers d'autres points du globe; grâce aux sacrifices que s'imposent dans ce but les puissances maritimes et au personnel intelligent qu'elles y emploient, on peut prévoir le moment — lointain sans doute encore — où l'Océan n'aura plus que très peu de secrets pour nous.

Parallèlement à ces travaux, depuis une quinzaine d'années environ, des explorations de même nature ont été poursuivies sur la faune profonde des lacs d'eau douce. Mais comme un grand nombre de ces lacs — en ce qui concerne l'Europe du moins, — se trouvent en Suisse et que ce petit pays ne possède aucune administration maritime, semblable à celles des puissances bordées par la mer et dotées de forces navales, il a fallu que l'initiative individuelle suppléât à cette absence de ressources gouvernementales. C'est ainsi que nous avons vu en Suisse les F. A. Forel, les Du Plessis, les Aspei, les Imhof et d'autres encore, dont nous aurons à citer les noms, procéder avec leurs moyens personnels à des études plus ou moins étendues, dont les résultats, publiés au fur et à mesure, constituent dès maintenant un ensemble du plus haut intérêt.

Il n'est pas besoin de faire ressortir ici l'importance que peut avoir la comparaison de deux faunes se développant dans des milieux aussi semblables par leur constitution générale, que le sont de grandes masses d'eau douce et d'eau salée, mais se distinguant d'ailleurs par tant de caractères secondaires, éclairage, pression, densité de l'eau, nourriture, etc. Au seul point de vue de la saine appréciation de l'influence des milieux, il y a là une foule de documents de premier ordre à recueillir. Il y a aussi un grand nombre de notions obscures en biologie générale — celle de l'origine, des faunes profondes, par exemple, celles encore des mœurs, du mode de reproduction et de variation des animaux, qui pourront être élucidées par de telles investigations. Enfin, la répartition géographique des organismes, leurs migrations, leur manière de se comporter vis-à-vis des courants, etc., ne peuvent être connues autrement.

Or, comme nous venons de le dire, cette tâche qui s'imposait aux naturalistes est accomplie en grande partie aujourd'hui. Il existe sur la faune des lacs toute une littérature, dont nous allons résumer ici les résultats principaux.

Historique. C'est grâce surtout à l'initiative et aux

efforts persévérants de M. le Dr F.-A. Forel, de Morges, que nous devons la connaissance scientifique des lacs de la Suisse. M. Forel est professeur d'anatomie comparée à l'Académie de Lausanne, mais il a parcouru dans ses travaux le champ presque entier des sciences naturelles. Zoologiste et géologue, il est doublé d'un physicien et d'un météorologiste, dont les études sur les glaciers, sur les seiches, les colorations cosmiques, etc. sont connues de tout le monde savant. C'est un homme dans la force de l'âge, très actif, très entreprenant, connaissant à fond le lac Léman, sur les bords duquel il est né et dont il a suivi toutes les modalités. Ce beau lac aux ondes bleuâtres, il l'observe avec amour dans ses sourires et dans ses colères, et après avoir reconnu les qualités variées de la demeure, il a voulu en étudier les habitants. Parodiant un mot de Spallanzani sur le Vésuve, il serait prêt à dire que pour lui le lac Léman est un océan de cabinet, un océan miniature.

En 1869, il fit paraître son *Introduction à l'étude de la faune profonde du lac Léman* (1), puis il commença en 1874 à publier, dans le Bulletin de la société vaudoise des sciences naturelles, une série de mémoires, qui ont été tirés à part sous le titre de *Matériaux pour servir à l'étude de la faune profonde*

(1) *Bulletin de la société vaudoise des sciences naturelles,* t. X, 1869.

du lac Léman (1). C'est là que sont enregistrés les principaux faits relatifs à la question qui nous occupe. En 1882, la société helvétique des sciences naturelles proposa pour le prix Schläfli la question suivante : *Étudier la faune profonde de nos lacs en tenant compte des différentes classes d'animaux et des divers lacs de la Suisse.* Le prix fut partagé en 1884 entre M. F.-A. Forel et M. G. Du Plessis. Leurs deux mémoires ont été publiés : ils coordonnent, à un point de vue général, les connaissances acquises jusqu'ici (2).

Dès le début, M. Forel a envisagé les choses à un point de vue élevé. On en jugera par les lignes suivantes empruntées à son premier mémoire de 1874 : « Nous sommes en présence, disait-il, d'un fait général, la vie dans les profondeurs du lac; nous découvrons une faune nouvelle, la *faune profonde* des lacs d'eau douce. Nous aspirons à étudier ce fait, à étudier cette faune d'une manière générale. Notre idéal serait de ne pas nous borner à la simple description des formes, mais de chercher à comprendre comment les formes sont en rapport avec le milieu, comment ces formes littorales et

(1) Lausanne. Librairie Rouge et Dubois, éditeurs.
(2) F.-A. Forel. *La Faune profonde des lacs suisses*, 1 vol. in-4°. Extrait des nouveaux Mémoires de la société helvétique des sciences naturelles, 1885. — G. Du Plessis-Gouret. *Essai sur la faune profonde des lacs de la Suisse.* Ibid., août 1885.

pélagiques, se sont transformées en formes profondes; notre vœu serait de déterminer l'effet de l'habitat dans les grands fonds des lacs d'eau douce sur la morphologie et la physiologie des animaux et des plantes. »

Mais le nombre des questions soulevées par un pareil programme était trop considérable pour qu'elles fussent abordées et résolues par un seul homme. C'est pourquoi M. Forel a dû s'entourer de collaborateurs, dont plusieurs sont des spécialistes distingués. C'est ainsi que MM. Eug. Risler, aujourd'hui directeur de l'institut national agronomique de France, et J. Walter, professeur de chimie à Soleure, ont pratiqué plusieurs analyses du limon des profondeurs; le célèbre médecin et naturaliste Lebert, professeur à Breslau, dont la science déplore la perte, a publié quelques monographies détaillées sur les Acariens du fond du lac, travail qui a été repris et continué par le Dr G. Haller, de Berne. M. le professeur J.-B. Schnetzler, de Lausanne, s'est occupé plus particulièrement des algues; M. D. Monnier, des larves d'insectes, M. H. Vernet, des crustacés, ainsi que M. le professeur Aloïs Humbert; M. le Dr H. Blanc a traité des rhizopodes et de quelques autres types inférieurs; M. le professeur Graff, des rhabdocèles, etc.

Le principal collaborateur de M. Forel au point de vue zoologique, celui qui depuis douze ans n'a cessé de vouer ses soins à la détermination des genres et des espèces et qui a dressé finalement le tableau critique des espèces positives, constituant la faune profonde, est M. le D^r Du Plessis, professeur de zoologie à l'Académie de Lausanne. M. Du Plessis était mieux que personne préparé à cette tâche. Il a fait plusieurs campagnes au bord de la mer; la faune méditerranéenne en particulier n'a guère de secrets pour lui. Très myope, il prétend qu'il possède un microscope dans l'œil; je me souviens encore combien il nous étonna au laboratoire de Roscoff, il y a quelques années, par sa merveilleuse faculté de reconnaître dans nos bocaux les plus petites espèces, de délicates colonies d'hydraires ou les microscopiques bryozoaires. Rien n'échappait à son regard pénétrant et comme la plupart des produits de draguage dans les lacs suisses ont passé sous ses yeux, on ne peut douter que le catalogue qu'il en a dressé ne représente l'état actuel de nos connaissances.

Du lac Léman qui a servi de point de départ, les études faunistiques ont été poursuivies sur un grand nombre d'autres lacs de la Suisse, de la Savoie et des environs. M. Forel lui-même a pratiqué plusieurs sondages dans les lacs d'Annecy, de Morat, de Neuchâtel, de Zurich et de Constance. M. le professeur Pavesi (1), de l'université de Pavie, a ex-

(1) P. Pavesi. *Nuova serie di ricerche della fauna pela-*

ploré les lacs du canton du Tessin et de l'Italie septentrionale; M. le Dr Asper (1), *privat-docent* à l'université de Zurich, ravi trop tôt à la science, a dragué dans les lacs de Zurich, de Wallenstadt, d'Ægeri, de Zug, des Quatre-Cantons, de Lugano, de Côme, de Klönthal, de Silse et de Silvaplana. Quelques-uns de ceux-ci sont situés à une altitude élevée sur les Alpes, et sont par conséquent intéressants pour la répartition des espèces dans le sens vertical. Cette remarque peut s'appliquer également aux recherches de M. le Dr Imhof (2), de Zurich, qui s'est, lui aussi, rendu sur un assez grand nombre de lacs et projette de poursuivre ses études

<hr>

gica dei laghi italiani. *Rendic. R. Instituto Lomb. Sér.* 2. t. XII. 1879. t. XVI. 1883. *Intorno all' esistenza della fauna pelagica anche in Italia. Boll. entomol.* IX. 1877. *Altra serie di ricerche e studj sulla fauna pelagica dei laghi italiani.* Padova, 1883.

(¹ ˊ. Asper, *Beiträge zur Kenntniss der Tiefseefauna der Schweizerseen. Zoologischer Anzeiger*, t. III, 1880. — *Idem. Wenig bekannte Gesellschaften kleiner Thiere.* Zürich, 1880. *Idem. Répartition de la faune pélagique dans les diverses profondeurs de l'eau. Arch. des sc. phys. et nat.*, t. XII. 1884.

(2) O. E. Imhof, *Pelag. Fauna und Tiefseefauna d. Savoyerseen. Zool. Anzeiger*, t. VI. 1883. *Idem. Studien zur Kenntniss d. pelag. Fauna d. schw. Seen. Ibid.* t. VI. *Idem. Resultate meiner Studien über die pelagische Fauna kleiner und grosserer Süsswasserbecken d. Schweiz. Zeitschr. f. w. Zool.*, t. XL. 1884. *Idem. Weitere Mittheilung über die pelag. und Tiefseefauna der Süsswasserbecken. Zool. Anzeiger*, t. VIII. 1885.

sur une aire géographique considérable. Enfin, je dois mentionner les travaux d'un observateur, Auguste Weissmann (1), de Fribourg en Brisgau, dont les publications sur les hôtes du lac de Constance sont très remarquables au double point de vue anatomique et de la distribution géographique.

Méthodes d'exploration. — M. Forel et ses collègues se sont ingéniés dès le début de leurs recherches à employer les procédés les plus pratiques et les plus simples. Les conditions dans lesquelles se trouve un lac, son peu de profondeur relative, le calme et la tranquillité de ses eaux, n'exigent pas des appareils aussi compliqués que l'Océan.

Quelques bidons en fer-blanc ou en zinc, à bords tranchants, d'une capacité variant de un, à trois ou cinq litres, et fixés au plomb de sonde par une corde de 3 à 4 mètres de longueur, suffisent pour tous les draguages qui n'excèdent pas 300 mètres de fond. Lorsque le plomb traîne sur le sol du lac, le bidon se couche sur le côté et se remplit promptement de limon. Ce dernier, ramené sur le bateau, est immédiatement placé sous une faible épaisseur d'eau, dans de grands vases à fond plat, qu'on laisse reposer et dans lesquels on va, chaque jour, pêcher les animaux qui, sortis du limon, nagent

(1) Aug. Weissmann, *Das Thierleben im Bodensee.* Lindau, 1887. *Idem. Beitrage zur Naturgeschichte der Daphniden. Zeitschr. f. w. Zool.* 1874-1879.

ou rampent à sa surface. Beaucoup de ces derniers
sont tués par le brusque changement de températu-
ture auquel ils sont soumis, ils viennent alors flotter sur le liquide ; toutefois, on en rencontre encore
des vivants jusqu'à dix jours après leur sortie des
profondeurs. Ce temps passé, on décante et on
laisse sécher le limon : c'est seulement alors que
l'on voit surgir certains mollusques ; et puis, pour
récolter les plus obstinés, on attend que la vase ait
atteint un degré suffisant de consistance et on la
râcle avec la lame d'un couteau. On est assuré
ainsi d'épuiser tout ce qu'elle renferme de vivant.
M. Forel évalue, en moyenne, à une centaine le
nombre des organismes retirés, de cette manière,
d'un litre de limon.

Un autre procédé plus rapide consiste à tamiser
dans l'eau le limon sur une série de tamis de toile
de laiton de plus en plus fins, après l'avoir dilué
dans une grande quantité d'eau. Cette pratique,
faite avec soin et à condition de ne pas opérer sur
une boue trop épaisse, ne gâte pas les animaux.
Les Turbellariés, eux-mêmes, qui sont cependant,
comme on le sait, des êtres très délicats, résistent
parfaitement à un tamisage fait avec précaution.

Le D\u02b3 Asper remplace les tamis métalliques par
un sac de toile à tamis en soie, qui est plus facile
à transporter en voyage.

Plus tard, le bidon a été remplacé pour la pêche

des animaux nageurs par un rateau en fer, sur lequel s'élève, dans un plan vertical et perpendiculaire à l'axe du manche, le cercle d'un filet de mousseline, qui recueille les animaux que le râteau, son manche et le plomb de la sonde (1) dérangent et font sortir du limon. Cet instrument donne de si bons résultats qu'on peut l'employer couramment pour tous les draguages dans les profondeurs inférieures à 100 mètres. Lorsque le filet a râclé le fond un certain temps, on le retire et on le lave dans un grand baquet d'eau où la recherche des organismes devient aisée.

Pour la récolte des animaux de très petite taille, rampant au fond du lac et qui sont exposés à être déchirés ou brisés par les procédés mentionnés ci-dessus, M. le professeur H. Blanc se sert de la méthode suivante, qu'il a surtout appliquée à la recherche des Rhizopodes. Il laisse séjourner au fond de l'eau, une grosse croix de Saint-André, fixée à un câble et aux quatre extrémités de laquelle sont attachées des plaques de verre très épais. L'autre extrémité du câble est reliée à une bouée facilement reconnaissable. Après trois ou quatre semaines de séjour, on retire lentement l'appareil : les plaques de verre sont ordinairement recouver-

____

(1) Le poids de celui-ci doit être d'autant plus grand que la profondeur à draguer est plus considérable. M. Forel s'est servi de poids variant de 2 à 8 kilogrammes.

tes par des traînées de limon excessivement fin qui est soigneusement enlevé à l'aide d'un pinceau pour être examiné sous le microscope (1).

La pêche pélagique se fait au moyen d'un simple filet de mousseline, qu'on promène à la surface de l'eau ou qui, attaché par des ficelles au plomb de sonde, est plongé jusqu'au niveau que l'on désire explorer.

Thermométrie. M. Forel a voué un soin tout particulier à la mesure de deux facteurs qui jouent un grand rôle dans la vie, la température et la lumière. Il a fait usage au point de vue thermique de deux procédés. Le premier, applicable seulement pour la température du fond des lacs, consiste à monter rapidement dans la drague à bidon une certaine quantité de limon, dans lequel on plonge immédiatement un thermomètre. Le savant observateur s'est assuré, par une série d'expériences critiques, que le limon ne se réchauffe qu'avec une extrême lenteur et qu'il donne, à un dixième de degré près, la valeur vraie de la température dans le fond. Les seules précautions à prendre sont de manœuvrer en sorte que le bidon dont on fait usage soit tout à fait rempli de limon, afin d'éviter que l'eau des couches superficielles ne le pénètre pen-

(1) H. Blanc, *Rhizopodes nouveaux pour la faune profonde du lac Léman. Bull. de la Société vaud. des Sc. naturelles,* t. XX. 1884.

dant sa remontée, et puis d'opérer le plus promptement possible.

Dans toutes ses autres mensurations, M. Forel a directement plongé dans les eaux un thermomètre à renversement de Negretti et Zambra, protégé contre la pression par une double enveloppe de verre. Nous indiquerons plus loin quelques-uns des chiffres obtenus par ces deux méthodes.

Transparence de l'eau. A partir de 100 à 170 mètres au-dessous de la surface, les eaux du lac Léman sont parfaitement obscures. M. Forel s'en est assuré de deux manières, en descendant des plaques sensibilisées à différentes profondeurs et en immergeant des corps blancs, qu'il suivait du regard jusqu'au moment où ils devenaient imperceptibles.

Les rayons chimiques du spectre sont absorbés par l'eau, ils cessent d'agir à une profondeur qui varie selon l'état d'agitation de la surface liquide; selon la température de l'eau (l'eau froide absorbe moins de lumière que l'eau chaude) (1), et surtout selon la quantité de poussières qu'elle tient en suspension. Des feuilles sensibilisées au chlorure d'argent, et placées entre deux lames de verre ont donc été descendues, de nuit, à diverses profondeurs. Chaque feuille y demeurait exposée durant 24

(1) H. Wild, *Die Lichtabsorption der Luft. Poggendorff's Ann.* CXXXIV. Berlin, 1858.

heures. Retirées de nuit et fixées à l'hyposulfite de soude, ces feuilles étaient ensuite comparées entre elles. Dans ces conditions, M. Forel a trouvé que la *limite d'obscurité absolue*, c'est-à-dire la profondeur à laquelle les rayons solaires, agissant pendant un jour, cessent d'impressionner le chlorure d'argent, est située entre 40 et 50 mètres en été, entre 70 et 80 mètres pendant les mois de décembre et de janvier, entre 80 et 100 mètres dans le mois de février. Les eaux sont donc plus transparentes en hiver qu'en été, ce qui est dû certainement à ce que les poussières opaques y sont beaucoup plus abondantes pendant la saison chaude.

Depuis 1873 et 1874, époque à laquelle remontent ces observations, des recherches de même nature ont été multipliées, en faisant usage de substances chimiques beaucoup plus sensibles (plaques au bromure d'argent); elles ont eu pour résultat de reculer beaucoup la limite d'obscurité, fixée par M. Forel, mais elles n'altèrent pas ses conclusions générales et, en particulier, le fait principal de la différence d'intensité selon les saisons (1). Cela crée,

---

(1) Voy. Asper. *Archives des sciences physiques et nat. de Genève*, t. VI. 1881. *Compte rendu de la réunion de la société helvétique à Aarau.* Asper a constaté que des plaques au bromure d'argent étaient impressionnées dans le lac de Wallenstadt jusqu'à 140 m. de profondeur. H. Fol. (*C. R. de l'Acad. des sc. de Paris*, t. XCIX. 1884.) est arrivé à des résultats semblables et plus accentués encore (170 m.) sur le lac Léman.

pour les animaux des profondeurs entre 50 et 100 mètres, de singulières conditions d'éclairage. « Durant la saison d'été, dit Forel, une longue nuit de six mois environ ne laisse pénétrer aucune lumière (de mai en octobre). En hiver, au contraire, des jours relativement très courts viennent couper des nuits d'autant plus longues que le point d'observation est situé plus profondément. Si nous descendons près de la limite maximale d'obscurité absolue, la saison d'hiver doit présenter vers l'époque du solstice une seconde nuit de très longue durée, correspondant à la période où le soleil est trop bas sur l'horizon pour envoyer ses rayons si profondément. »

D'ailleurs, des recherches faites au moyen de substances aussi impressionnables n'ont peut-être pas au point de vue biologique la portée qu'on en attend. « On sait, dit Forel, que l'intensité maximale de l'action chimique dans les diverses parties du spectre est différente suivant la substance exposée aux rayons lumineux ; on sait, par exemple, que les sels d'argent sont affectés au maximum dans le violet et l'ultra-violet du spectre (E. Becquerel), tandis que la chlorophylle végète le plus activement dans le rouge, l'orange et le jaune, qu'elle végète faiblement dans le bleu, et peu ou pas du tout dans le vert (W. Engelmann), Il n'y a donc pas moyen d'appliquer à une substance sensible quelconque, à la chlorophylle, par exemple, les chiffres absolus obtenus par l'expérience avec le chlorure d'argent pour la limite de l'obscurité actinique. S'il est permis de conclure par analogie, il est probable que dans l'eau bleue et verte de nos lacs, cette limite sera moins profonde pour la chlorophylle que pour les sels d'argent. »

D'ailleurs, les variations de la transparence de l'eau ont été encore constatées par le second procédé cité plus haut, et qui avait déjà servi au P. Secchi et à de Pourtalès, pour apprécier la transparence des eaux de la Méditerranée et de l'Océan Atlantique.

Il consiste à descendre dans l'eau une plaque de tôle circulaire, peinte en blanc et fixée à un fil de sonde. On note exactement la profondeur à laquelle on cesse de la voir, puis on laisse quelque peu couler la sonde au dessous de cette limite. La profondeur à laquelle on aperçoit de nouveau la plaque blanche au retour doit être la même que celle à laquelle elle a disparu à la descente. On a ainsi, à chaque coup de sonde, une expérience de contrôle et avec un peu d'habitude M. Forel a atteint une approximation de 20 centimètres.

La *limite de visibilité*, ainsi obtenue, est en moyenne de 6,6 mètres pendant les mois d'été (de mai en septembre) et de 12, 7 mètres pendant les mois d'hiver (Forel); je renvoie aux mémoires originaux pour les détails relatifs aux influences diverses qui font varier ces chiffres, telles par exemple que la hauteur du soleil au-dessus de l'horizon, la sérénité du ciel, la distance de la côte; etc. Notons seulement que les flots bleus du lac Léman, qui ont une si grande réputation, paraissent être beaucoup moins transparents que ceux de la mer.

En effet, le P. Sechi a suivi son disque blanc dans la Méditerranée jusqu'à 42,5 mètres et de Pourtalès dans l'Atlantique jusqu'à 50 mètres; mais comme le diamètre des disques n'était pas le même dans tous les cas, il est difficile d'établir une comparaison précise entre ces chiffres.

Conditions d'existence de la faune profonde. Chacun sait que la Suisse a été recouverte par les glaciers à une époque géologique relativement rapprochée de la nôtre et que des masses énormes de glace s'étendaient sur toute la plaine, des Alpes au Jura. — A l'exception, par conséquent, des cimes élevées des Alpes, qui s'élançaient au-dessus du niveau de cette mer de glace et qui peut-être donnaient encore asile à quelques êtres vivants, toute la population animale et végétale de la Suisse a dû émigrer ou a été détruite pendant l'époque glaciaire. Notre faune et notre flore actuelles sont donc venues de l'étranger, ont immigré des contrées plus ou moins voisines sur le sol helvétique après la fonte des glaces, elles y ont rencontré des conditions d'existence extrêmement variées auxquelles elles se sont petit à petit adaptées. Voyons quelles sont ces conditions dans le fond des lacs.

Au lac Léman qui est aujourd'hui le mieux connu, le fond (sauf en quelques points de la côte où il est rocheux) est recouvert par une masse épaisse d'un limon marno-argileux très fin, dans les couches superficielles de laquelle se rencontrent des animaux vivants. Dans les couches plus profondes, on a trouvé quelques débris de coquillages fossiles, mais ils y sont remarquablement rares.

Le limon est recouvert, partout où la lumière peut pénétrer, par une couche continue, à laquelle Forel a donné le nom de *feutre organique*. Cette couche, d'aspect velouté, de couleur brunâtre ou verdâtre se détache spontanément, çà et là, sous forme d'écailles; elle renferme, au sein d'une masse fondamentale mucilagineuse, de fines granulations et un nombre immense de Palmellacées, d'Oscillariées, de Diatomées et autres plantes inférieures. MM. Schnetzler et Kübler, qui en ont fait le dénombrement, y ont constaté beaucoup de *Protococcus roseopersicinus*, Ktz., qui forment un pigment rougeâtre, d'*Oscillatoria subfusca*, Vauch., de couleur rouge violacé, de *Cyclotella, Surirella, Navicula, Diatoma, Synedra*, dont les espèces, à l'exception des Cyclotellées, sont identiques à celles que l'on rencontre dans les eaux courantes de la Suisse.

Il est probable que, partout où il existe, ce feutre organique joue un rôle important au point de vue des gaz respiratoires, un rôle antagoniste avec celui des animaux de la profondeur.

Jusqu'à un kilomètre du rivage, on trouve, mêlés au limon, des cailloux et des pierres de composition variée, dont la présence peut être expliquée par leur transport au moyen des glaces flottantes, détachées du rivage ou charriées, l'hiver, par les affluents. Mais plus loin, le limon règne seul, à peine entremêlé, çà et là, de quelques fragments de coke tombés des bateaux à vapeur.

Les animaux rampant dans cette masse consistante et tenace qui, sauf par sa composition minéralogique, se retrouve la même dans tous les lacs, sont soumis à une forte pression (1 atmosphère par 10 mètres d'épaisseur d'eau), à une lumière faible ou nulle et à un calme à peu près absolu. Les plus grandes vagues observées sur le Léman ne dépassent pas 1 mètre à 1^m, 50 d'élévation et 5 ou 6 mètres de profondeur; l'agitation qu'elles provoquent est déjà à peine sensible.

Quant à la température, elle y est au-dessous de 100 à 150 mètres, invariable durant toute l'année, température constante d'environ $+ 5°$, un peu plus ou un peu moins selon les lacs. Voici à ce propos quelques chiffres donnés par Forel :

Lac du Bourget......	à 120 mètres.	5,7
» d'Annecy.........	à 115 »	5,7
» de Neuchâtel	à 100 »	5,7
» de Zurich.......	à 120 »	4,2
» de Thoune.......	à 165 »	4,83
» Léman.........	à 120 »	5,8

Au-dessus du limon, l'eau puisée au moyen d'une

pompe, consistant en une boîte en zinc d'une capacité de plus de 12 litres et dont les deux extrémités sont munies de soupapes s'ouvrant de bas en haut, mais fermant hermétiquement en sens inverse, s'est toujours montrée trouble. Les affluents amenant sans cesse, sauf pendant les grands froids, une eau qui charrie de nombreuses paillettes minérales, et que sa basse température fait tomber immédiatement au fond du lac, il serait difficile que l'eau y fût limpide.

L'analyse a montré que la composition chimique de l'eau est à peu près la même à toutes les profondeurs et qu'en particulier, la quantité de gaz qu'elle tient en dissolution varie peu. Seule, la proportion d'acide carbonique est plus élevée qu'à la surface. Cette uniformité dans la composition facilite les migrations et les changements de niveau que l'on a constatés chez certains poissons, et que l'on ne pourrait pas comprendre si l'eau dissolvait les gaz proportionnellement à la pression qu'elle supporte dans les profondeurs. Le même fait a d'ailleurs été constaté par W. Lant Carpenter à bord du *Porcupine*, et par d'autres. L'eau des couches profondes de la mer n'est, à égalité de température, pas plus chargée de gaz en dissolution que les eaux de la surface.

En ce qui concerne l'alimentation, elle est dans les grands fonds purement animale, les êtres qui y vivent sont obligés de se nourrir les uns des autres. M. Du Plessis a observé à ce propos que les parois des cavités digestives chez beaucoup d'animaux du fond sont fréquemment teintes en rose, orangé ou rouge vif, ce qui, selon lui, est une preuve qu'ils se nourrissent principalement de petits Entomostracés, qui portent dans leurs tissus de nombreuses gouttelettes d'huile de mêmes couleurs. Ce sont ces gouttelettes qui, absorbées par les cellules épithéliales, colorent les parois intestinales. On trouve toujours d'ailleurs dans l'estomac de ces animaux des carapaces de Copépodes, plus ou moins digérées.

Or, malgré cet ensemble de conditions qui ne paraissent guère propices à une grande extension de la vie, malgré surtout l'absence de végétation au fond des lacs, la faune y est riche et abondante. Il est rare qu'un coup de drague ne ramène à la surface quelque être vivant. Tous les embranchements, à l'exception des Echinodermes, y comptent des représentants plus ou moins parfaits et, si le nombre des espèces n'est pas très considérable, il y a lieu de s'étonner d'une telle variété de types.

Esquisse de la faune profonde. Sont considérés comme faisant partie de la faune profonde, tous les animaux qui vivent à une profondeur plus grande que 25 mètres. Les individus qui la composent sont, en général, de plus petite taille que ceux des espèces voisines vivant près des bords; ils sont plus opaques que dans la faune pélagique, et ils sont rarement colorés, ce qui s'explique par l'obscurité relative ou absolue du milieu où ils évoluent. En outre, ils nagent mal et sont dépourvus d'organes de fixation, résultat évident du calme de l'eau, peu fait pour développer leur appareil locomoteur.

Quelques-uns d'entre eux présentent des traits particuliers d'adaptation. L'un des plus remarquables est la petitesse des yeux ou leur absence totale chez certaines espèces. Ce fait n'a rien de surprenant, puisque dans une obscurité profonde, un animal n'a que faire de ses yeux : c'est pourquoi la faune des cavernes renferme toujours une forte proportion d'animaux obscurs. Au fond des lacs, le cas est moins général. On rencontre, en effet, des animaux parfaitement oculés jusqu'à 300 mètres de profondeur, tandis que, d'autre part, à 30 mètres, là où pénètre encore de la lumière, il y a déjà des animaux aveugles. Ces résultats contradictoires ont frappé tous les naturalistes qui ont étudié la faune profonde marine; ils ont été également constatés par Veydowsky dans la faune des puits privés de lumière.

« Il n'y a qu'une façon d'expliquer ceci, dit Du Plessis, c'est d'admettre une émigration déjà très ancienne et durant continuellement, allant des régions littorale et pélagique à la zone profonde. Alors, les espèces émigrées dans les temps les plus rapprochés de nous n'ont pas encore perdu les yeux, grâce à la persévérance de *l'hérédité conservatrice*. Au contraire, ces organes ont fini par disparaître chez les plus anciens transfuges et ceux-ci, *encore par hérédité*, fournissent des descendants parfaitement aveugles, même dans des régions où la lumière pénètre encore. »

Et ce qui vient encore confirmer l'exactitude de cette interprétation, c'est que dans une même espèce de fond, on trouve, à côté des sujets complètement aveugles, des individus dont les yeux sont en voie d'atrophie et d'autres, enfin, dont les yeux sont parfaitement normaux, quoique de petites dimensions. Les uns et les autres descendent de parents du rivage, mais qui ont émigré à des époques différentes. C'est le cas pour une petite planaire souvent aveugle et qui est la forme ratatinée du *Dendrocoelum lacteum* du bord.

Un autre trait d'adaptation concerne les organes de la respiration. Il existe au fond des lacs une quantité considérable de larves de Diptères qui, comme celles de la surface, possèdent un système trachéen venant s'ouvrir au dehors par des stigmates; mais au lieu de contenir de l'air, leurs trachées sont remplies d'eau, ce qui s'explique par la trop grande distance que ces larves auraient à franchir pour venir aspirer de l'eau à la surface. Le même résultat a été constaté sur les Lymnées du fond. Forel, en ouvrant leur sac pulmonaire, l'a toujours trouvé rempli d'eau. Le Lymnée abyssicole, du moins, a transformé sa cavité pulmonaire en chambre branchiale ; mais ce qu'il y a d'étonnant, c'est la facilité avec laquelle il reprend son mode de respiration normal aussitôt qu'on le met au contact de l'air, et cela, sans paraître en souffrir le moins du monde.

Voyons maintenant quelles sont les espèces qui constituent cette faune, dont nous venons de résumer les caractères généraux. Leur nombre, comme nous l'avons dit, est d'environ 80. Ce chiffre basé sur le mémoire de Du Plessis, doit être considéré comme un minimum (1) ; il n'est en tout cas pas exagéré, car l'auteur a fait preuve d'une sage sobriété dans le dénombrement des espèces. « On peut traiter un tel sujet, dit-il, à deux points de vue opposés, savoir : dans l'intention de fonder beaucoup *d'espèces nouvelles*, ou bien, au contraire, d'en restreindre le nombre autant que possible. C'est ce dernier parti que nous avons pris ici. » Et plus loin il ajoute, en parlant des espèces inédites : « Nous n'avons nous-même admis ces nouvelles espèces qu'avec beaucoup de circonspection, et avec quelque défiance, sachant que la zoologie n'a rien à gagner, mais beaucoup à perdre par l'augmentation

______

(1) Il a du reste été augmenté dans ces derniers temps par les nouvelles découvertes de rotifères, d'infusoires et de rhizopodes, faites par M. M. Imhof et H. Blanc.

inutile des synonymes déjà trop nombreux, ce qui arrive encore trop souvent aux zoologistes les plus instruits, à cause de l'impossibilité de se procurer et d'utiliser le déluge des publications contemporaines. »

Je pense que tout naturaliste applaudira à la justesse de ces réflexions. M. Forel, qui se montre moins sévère que son collègue pour l'admission des nouvelles espèces, arrive dans ses tableaux à un total de 94. Cette différence n'a pas grande importance pour nous, ces chiffres quels qu'ils soient n'ayant qu'un caractère provisoire; ils seront certainement augmentés par les recherches ultérieures, et nous préférons ne mentionner dans ce résumé que les espèces tout à fait certaines.

Protozoaires.

RHIZOPODES. *Amoeba proteus* (1). Lin. *Amoeba verrucosa* Ehrb. *Amoeba radiosa.* Ehrb. *Difflugia pyriformis.* Perty. *Difflugia urceolata.* Ehrb. *Difflugia proteiformis,* Ehrb. *Actinosphaerium Eichhorni.* Ehrb. *Cyphoderia margaritacea. Arcella vulgaris.* Ehrb. *Centropyxis aculeata,* Stein. *Pamphagus hyalinus.* Leidy (rare). *Hyalosphaenia cuneata.* Stein (très rare), plus une grosse *Difflugie* qui est probablement une espèce nouvelle. Toutes ces espèces de Rhizopodes habitant aussi le littoral, leur origine n'est pas douteuse.

(1) Je citerai toujours le premier nom, on trouvera dans le mémoire de Du Plessis la liste de tous les synonymes, qui sont parfois très nombreux.

Infusoires. La faune profonde des infusoires est remarquablement pauvre, si on la compare à celle des côtes. Selon Du Plessis, ce fait est dû à ce que la plupart de nos infusoires s'enkystent et que la période de dessiccation qu'ils passent dans leurs kystes paraît être nécessaire à leur cycle évolutif. Or, il ne peut y avoir l'alternative de sécheresse au fond du lac, comme c'est le cas au contraire sur le bord, qui est soumis aux fluctuations des hautes et basses eaux. Voilà pourquoi les infusoires qui ont tenté de descendre dans les profondeurs n'ont pu y laisser de progéniture, et pourquoi la plupart des espèces qu'on y rencontre sont des formes parasites qui y ont été transportées par des crustacés, des arachnides ou des larves d'insecte. En voici les noms :

Vorticella convallaria, Ehrb. (qui vit fixée sur *Cypris*, *Acanthopus*, *Lynceus*), *Epistylis lacustris*. Imhof (sur les pattes d'*Hygrobates*, ainsi que sur les colonies de *Fredericella*.) *Spirostomum ambiguum*. Ehrb. *Stentor polymorphus*, Ehrb. *Stentor cæruleus*. Ehrb. *Stentor Roeselii*. Lin. *Acineta elegans*, Imhof.

Cœlentérés.

Spongilla lacustris. Lieberk (trouvée une seule fois au fond du lac de Joux ; son admission dans la faune profonde est douteuse). *Hydra rubra* Lewes (elle est peut-être identique avec *H. rhaetica*, trouvée par Asper dans le Silser-See).

Vers.

Cestodes. *Ligula simplicissima*. Rud. *Caryophyllaeus mutabilis*. Rud. Ces deux espèces ont été rarement trouvées dans les lacs de Pfäffikon et de Greifen ; il est douteux qu'on doive les comprendre dans la faune profonde. Leur présence y était probablement accidentelle.

Hirudinées. *Piscicola geometra*. Sa présence est peut-être accidentelle.

Turbellariés. *Macrostoma hystrix*. Oerst. *Microstoma lineare*. Oerst. *Stenostoma unicolor*. *Prorhynchus stagnalis*. M. Schultz. *Gyrator hermaphroditus*. Ehrb. (*G. caecus* de Graff.) *Mesostoma productum*. Leuck. *Mesostoma lingua*, O. Schm. *Mesostoma rostratum*, Ehrb. *Mesostoma trunculum*, O. Schm. *Mesostoma splendidum*, Graff. *Typhloplana viridata*. Ehrb. *Typhloplana sulfurea*. O. Schm. *Monotus Morgiense*. G. Dupl. (se rapproche de types marins). *Vortex intermedius*. G. Dupl. (?). *Plagiostoma* (*Vortex*) *Lemani*, G. Dupl. (type exclusivement lacustre). *Planaria lactea*. Lin.

Rotifères. *Floscularia ornata*. Ehrb.

Nématodes. *Dorylaimus stagnalis*. Duj. *Trilobus gracilis*. Bast. *Mermis aquatilis*, Duj. *Gordius aquaticus*. Lin. (?).

Annélides. Cette classe est bien représentée dans la faune profonde, malheureusement elle y a été moins étudiée que les autres et c'est surtout à son égard que le tableau qu'en dresse Du Plessis doit être considéré comme provisoire. *Tubifex rivulorum*. Lam. *Tubifex (Saenuris) velutinus*. Grube. *Lumbriculus pellucidus*, G. Dupl. (?). *Stylaria proboscidea*. O. G. Mull, *Nais elinguis*. O. F. Mull. *Chaetogaster diaphanus*. Gruith.

Mollusques.

Lamellibranches. *Pisidium profundum*. Clessin. *P. occupatum*. *P. Forell*. *P. urinator*. *P. quadrangulum*. *P. tritonis*.

Gastéropodes. *Limnaea profunda*. Clessin. *L. abyssicola*. A. Brot. *L. Forell*. Clessin. *Valvata lacustris*. Clessin. *Bythina* (*Helix*) *tentaculata*.

Molluscoïdes.

Bryozoaires. La faune suisse des bryozoaires se trouve localisée dans les lacs de montagne. « En particulier, dans le canton de Vaud, dit Du Plessis, ce sont les lacs élevés du Jura dans la vallée de Joux qui présentaient, à une altitude de plus de 1000 mètres, des espèces de presque tous les genres décrits pour l'Europe. » — Dans la faune profonde, on ne connaît qu'une seule espèce adaptée à la vie dans les plus grands fonds, la *Frédericella sultana*, Gervais. Elle dérive évidemment de l'espèce vivant sur les côtes, mais elle est remarquable en ce que ses colonies peuvent changer de place, ramper pour ainsi dire dans le limon du fond. Deux autres espèces, *Paludicella articulata.* Ehrb. et *Cristatella mucedo.* Cuv. ont été rencontrées dans le lac de Joux, à la profondeur d'une trentaine de mètres.

Arthropodes.

Crustacés. *Cyclops brevicornis*, Claus. *C. magniceps.* Liljeb. *Canthocamptus minutus*, Claus. *Eurycercus (Lynceus) lamellatus.* O. F. Mull. *Lynceus macrurus*, O. F. Mull. *Alona quadrangularis*, O. F. Müll. *Acanthocercus rigidus*, Schiödte. *Moina bathycola*, Vernet. *Sida (Daphnia) cristallina.* O. F. Mull. *Cypris minuta*, Baird. *Cypris acuminata*, Zenker. *Acanthopus resistans.* Vernet. *Asellus Foreli*, Blanc. *Niphargus puteanus*, Koch. var. *Foreli*, Humbert. *Gammarus pulex* (variété aveugle).

Arachnides. *Arctiscon tardigradum*, Schrank. *Hygrobates longipalpis*, Herrmann (identique avec le *Campognatha Foreli*, Lebert. *Pachygaster. tau insignitus*, Lebert. *Nesaea reticulata*, Kramer. *Halacarus, spec. incert.*

Insectes. Aucun insecte parfait n'a été rencontré, mais bien un grand nombre de larves de Tipulaires et de Culicides ; la détermination spécifique exacte n'a pu en être faite à cause de leur état larvaire.

Vertébrés.

Poissons. *Coregonus fera*, Jur. *C. hiemalis.* Sieb. *C. Wartmanni*, Sieb. *Lotta vulgaris*, Cuv.

A ces quatre espèces qui vont frayer jusque dans les plus

grands fonds, M. Forel ajoute les suivantes qui émigrent durant l'hiver jusqu'à 20 ou 50 mètres de profondeur :

Perca fluviatilis, Cyprinus carpio, Tinca vulgaris, Gobio fluviatilis, Alburnus lucidus, A. bipunctatus, Scardinius, erythrophthalmus, Leuciscus rutilus, Squalius cephalus Trutta variabilis, Esox lucius, Salmo umbla.

Les poissons sont les seuls représentants de la faune lacustre qui changent rapidement et régulièrement de niveau, en sorte que toutes les espèces que nous venons de citer font également partie de la faune littorale ou de la faune pélagique.

J'ajouterai que la faune profonde ne varie pas fondamentalement d'un lac à l'autre dans la région subalpine, c'est-à-dire en Suisse et dans les contrées voisines, partout où les glaciers se sont étendus pendant l'époque glaciaire. — Cette ressemblance entre les faunes profondes se retrouve dans la comparaison des faunes littorales et pélagiques, dont nous allons dire quelques mots.

Aperçu sur les faunes littorale et pélagique. — Dans la région qui s'étend des bords immédiats des lacs jusqu'à une profondeur de quelques mètres et dont la largeur varie selon l'inclinaison des talus, comme dans la région centrale des lacs, de la surface jusqu'au fond, se trouvent des animaux qui constituent les faunes *littorale* et *pélagique*. Elles ont tant de relations avec la faune profonde que nous ne pouvons les passer complètement sous silence. La première, la faune littorale, est de beaucoup la plus riche ; malheureusement elle n'a pas encore été suffisamment étudiée dans les divers lacs suisses, pour qu'on puisse établir un parallèle précis entre elle et la faune profonde. Nous savons, dans l'état actuel de nos connaissances, qu'elle renferme les mêmes types que la faune profonde et qu'à quelques exceptions près, les espèces constituant cette dernière présentent des traces évidentes de leur parenté avec les espèces du littoral ; toutefois, ces dernières sont plus nombreuses : on y rencontre, par exemple, des insectes parfaits, l'écrevisse, de nombreux mollusques, tels que les *Naïades*, les *Cyclas,* etc., qui ne se sont pas adaptés aux conditions d'existence dans les profondeurs. L'origine de la faune littorale est facile à comprendre : ses ancêtres sont venus à la fin de l'époque glaciaire s'établir sur le bord des lacs depuis les pays voisins et y ont, pour la plupart, été apportés par les fleuves, torrents, etc.

Quant à la faune pélagique, elle est très restreinte et très remarquable. Elle a été découverte en Suisse par un zoologiste danois, P.-E. Müller en 1868, il l'étudia sur les lacs Léman, de Constance, de Zurich, de Thun et de Saint-Moritz dans l'Engadine (1) et nota tout de suite son analogie avec celle des lacs scandinaves. Ce sont des flagellés (*Ceratium*, *Dinobryon*, *Peridinium*), des infusoires (*Epistylis*, *Vorticella*), des rotifères (*Conochilus, Asplanchna, Anurea*) et surtout des crustacés inférieurs, qui la constituent pour la plus grande part. Ces derniers

(1) P.-E. Müller, *Note sur les Cladocères des grands lacs de la Suisse. Arch. des sciences phys. et nat. Avril* 1870.

qui y sont en nombre vraiment prodigieux appartiennent aux Cladocères (*Daphnia*, *Bosmina*, *Bythotrephes*, *Leptodora*, etc.) et aux Copépodes (*Diaptomus*, *Cyclops*). Ils sont remarquables par leur extrême transparence : ils imitent si bien la nuance de l'eau, qu'ils y sont presque invisibles et échappent ainsi à leurs plus terribles ennemis, les poissons, qui en font cependant une consommation colossale. Ils sont en général munis de longs appendices qui leur donnent une forme bizarre et les aident grandement à flotter ou à nager. D'une grande délicatesse, ils fuient le voisinage des côtes et, afin d'éviter les brises du lac, qui soufflent de jour et pourraient les ramener au rivage, ils s'enfoncent jusqu'à 5, 10, 20 ou 40 mètres de profondeur, où ils se trouvent protégés contre l'action des vagues. Ces circonstances expliquent pourquoi c'est de nuit et par un temps calme que leur pêche est la plus abondante à la superficie des eaux. De jour, M. Forel en a recueilli jusqu'à 100 mètres de profondeur ; il est incontestable que quelques-uns d'entre eux font également partie de la faune profonde.

L'origine de cette faune particulière a soulevé beaucoup de discussions, et suscité plusieurs hypothèses, qui toutes, d'ailleurs, peuvent être justifiées. La nature emploie souvent des moyens très divers pour atteindre un même but : cela est vrai surtout pour la dispersion des animaux et des plantes. D'abord, il est très certain, ainsi que le pense Forel, que la plus grande fraction de la faune pélagique a une origine côtière ; les êtres fragiles qui la constituent se sont concentrés à distance du rivage et ne viennent à la surface que pendant la nuit, alors que souffle la brise de terre qui contribue à les maintenir au large, où, par sélection naturelle, ils sont devenus transparents et bons nageurs. Mais il va sans dire que cette explication n'a de valeur que pour les espèces dont les formes voisines ont été constatées sur les bords des lacs. Or, il en est deux, la *Leptodora hyalina* et le *Bythotrephes longimanus*, en particulier, qui n'ont aucune relation avec les formes littorales. Il faut donc admettre pour celles-ci une importation par migration passive, dans laquelle des palmipèdes ont pu jouer le rôle de véhicule. M. Aloïs Humbert a vu des œufs d'hiver de Cladocères adhérents aux plumes de canards ou de grèbes. Ces oiseaux passant rapidement d'un lac à l'autre doivent indubitablement contribuer pour une large part à la dissémination des espèces et cela nous aide à comprendre la grande uniformité de la faune pélagique au point de vue des Crustacés.

Cependant, M. le professeur Pavesi, qui n'a pas exploré moins de vingt et un lacs, a été frappé du fait que dans certains de ces lacs les *Leptodora et Bythotrephes* sont abondants, alors qu'ils manquent totalement dans d'autres lacs très voisins des premiers. On ne voit pas bien pourquoi les oiseaux aquatiques, qui vivent aussi bien sur tous ces lacs, ne les ont que partiellement peuplés de Crustacés. Ce fait s'alliant dans l'esprit de Pavesi avec quelques autres du même ordre, tels par exemple que l'existence du *Mysis oculata*, des bancs de sable de la mer et du *Gammarus loricatus*, amphipode des eaux saumâtres, dans le lac d'eau douce de Myösen, en Scandinavie; ainsi que celle de l'*Idotea Entomon* de la Baltique dans les lacs de la Norvège et enfin la présence si remarquable dans le lac de Garde, au pied des Alpes, du *Palœmonetes varians* et du *Sphaeroma fossarum*, qui présentent un faciès absolument marin, lui ont suggéré l'idée (qu'avaient eue anciennement Loven et Sars) qu'une partie de la faune pélagique n'est peut-être autre chose que le reste plus ou moins modifié d'une faune marine. Les lacs dont il s'agit auraient primitivement constitué des fjords de la mer pliocène, changés en lacs par leur fermeture en aval au moyen de moraines glaciaires. Ainsi séparés de la grande mer, leur contenu, lavé par les eaux affluentes, se serait peu à peu dessalé, modifiant ainsi lentement leur population. Cette théorie s'appuie, d'ailleurs, sur des considérations géologiques que nous ne pouvons développer ici, ces considérations ne s'appliquant pas aux lacs suisses.

Origine de la faune profonde. — La faune profonde est certainement pour la plus grande partie d'origine littorale. Partout les mêmes circonstances ont dû conduire aux mêmes résultats, les mêmes causes produire les mêmes effets. L'analogie des conditions d'existence dans les profondeurs, nous rend admirablement compte de l'analogie des faunes qu'on y a constatées. Chaque lac a dû, pour ainsi dire, créer sa faune profonde, car à ce point de vue ils sont indépendants les uns des autres.

« Les lacs suisses, dit M. Forel, ne communiquent avec les autres bassins d'eau douce que par des fleuves et eaux courantes à la surface; si donc les espèces de la faune profonde sont spéciales aux profondeurs, elles ne peuvent pas voyager d'un lac à l'autre. La faune profonde ne peut pas être arrivée dans nos lacs suisses déjà modifiée pour l'habitat dans les grandes profondeurs; elle a dû se modifier sur place, s'acclimater sur place aux conditions de milieu, se différencier sur place. Il résulte de ces conditions que nous devons pouvoir trouver, dans le même lac, les deux termes de la différenciation : l'espèce primitive non modifiée dans les faunes littorale ou pélagique, l'espèce modifiée adaptée au milieu, acclimatée aux nouvelles conditions de vie dans la faune profonde. »

Et en effet, pour ce qui concerne le lac Léman, 38 espèces de la faune profonde se retrouvent identiques dans la faune littorale, et 22 espèces de la première, qui n'ont pas encore été rencontrées sur le bord immédiat du lac, sont des espèces vulgaires connues dans les eaux superficielles environnantes. Le nombre des espèces particulières de la profondeur qui sont absentes sur les côtes constitue une infime minorité, et quelques-unes d'entre elles (*Niphargus puteanus var. Forelii, Asellus Forelii*) ont très probablement été apportées par les eaux souterraines.

C'est pour échapper à la concurrence vitale, devenue trop intense sur les côtes que certains individus s'en sont éloignés, s'enfonçant de plus en plus et s'adaptant toujours mieux de génération en génération à de nouvelles conditions de vie, mais c'est surtout par migrations passives que la dissémination dans les profondeurs a dû s'accomplir : une quantité d'œufs ou de germes côtiers sont journellement entraînés par les courants de fond, un certain nombre d'animaux sont transportés par les poissons et quelques-uns d'entre eux, accidentellement fixés sur les corps flottants de la rive, tombent au fond lorsque ces corps, poussés au large par les vents, s'imbibent d'eau jusqu'à sombrer. Voilà autant de causes de dispersion, dont on trouvera l'étude détaillée dans les travaux de M. Forel et qui appuient l'idée émise plus haut sur l'origine de la faune profonde.

En résumé, nous venons de voir que les profondeurs des eaux douces ne sont pas inhabitées; comme celles de la mer, elles abritent une population qui, pour être moins variée, composée d'individus de plus petite taille, et pour présenter un faciès plus moderne, n'en est pas moins du plus haut intérêt. Seulement, cette population, encore ignorée il y a une quinzaine d'années, garde toujours pour nous bien des secrets, et il est extrêmement désirable que la haute importance des questions qu'elle soulève suscite de nouvelles et nombreuses recherches dans les eaux douces du monde entier.

VI.

DE L'UTILISATION DU SCAPHANDRE DANS LES EXPLORATIONS DE ZOOLOGIE MARINE.

L'un des traits les plus intéressants du caractère de beaucoup d'entre nous est une sorte de nostalgie des lieux inaccessibles, un vague besoin d'être ailleurs que là où nous sommes, d'entrevoir des horizons nouveaux et de vivre dans d'autres conditions que celles qui nous ont été données. — Les impressions inconnues, plus ou moins exactement devinées par des efforts d'imagination, exercent sur nous un charme extraordinaire, et les réalités nouvelles nous entretiennent sans cesse dans une fièvre salutaire, la fièvre intellectuelle. De là, la hardiesse de l'homme à gravir les pentes abruptes des montagnes, à conquérir, au prix de mille dangers, les vierges sommets des hautes Alpes, à s'élever dans les airs sans autre abri que la frêle nacelle d'un aérostat ou à s'enfoncer dans la profondeur des eaux sans autre protecteur que le scaphandre.

Chacun connait ce merveilleux appareil dont la première ébauche remonte au siècle dernier. Un cylindre en tôle renfermait la tête et le tronc du plongeur, laissant libres les bras et les jambes; deux petites lucarnes situées au devant des yeux, permettaient de voir ce qui se passait dehors, et au niveau de la bouche s'ouvraient deux tubes fixés au cylindre; l'un servant à l'entrée de l'air, l'autre à sa sortie. Ainsi conçu primitivement par Klingert, de Breslau, le scaphandre était d'un usage fort mal commode. A l'heure qu'il est, au contraire, successivement perfectionné par plusieurs ingénieurs et mécaniciens, notamment par Cabirol, Denayrouze et Rouquayrol, il est devenu extrêmement pratique, à la portée de tout homme sain et robuste (1).

Parmi les nombreuses applications qu'a reçues le scaphandre, il en est une de premier ordre au point de vue scientifique et qui, toute nouvelle qu'elle soit, est pleine de promesses pour l'avenir, je veux parler des services qu'il a rendus et qu'il rendra certainement encore dans les recherches zoologiques. Depuis sept ou huit ans, la *Stazione zoolo-*

---

(1) Nous renvoyons pour la description détaillée des différentes pièces du scaphandre au grand ouvrage de R. Ledieu : *Traité élémentaire des appareils à vapeur de navigation,* t. II, p. 750 et suivantes.

gica, fondée à Naples par les soins de M. le professeur Anton Dohrn, fait un usage pour ainsi dire constant du scaphandre; il est devenu un précieux auxiliaire pour les naturalistes qui collaborent à la *Fauna und Flora des Golfes von Neapel*, vaste publication très connue dans le monde scientifique. D'autre part, et pour ne parler que des stations européennes, l'éminent fondateur des laboratoires de zoologie expérimentale de Roscoff et de Banyuls-sur-mer, M. de Lacaze-Duthiers, a reçu, il y a quelques années, de l'Association française pour l'avancement des sciences le don d'un très beau scaphandre, dont il se propose de faire grand usage. « Il sera fort utile à Roscoff et surtout à Banyuls, écrivait M. de Lacaze-Duthiers en 1882. Certainement, il y aura un intérêt extrême, en descendant même à peu de profondeur au-dessous des plus basses marées, à explorer les rochers qu'on ne peut jamais atteindre dans les plus basses eaux d'équinoxe. On n'a pas encore, je crois, essayé de reconnaître, *de visu*, quelle était la richesse des côtes à une moyenne profondeur. Avec le scaphandre, et sans danger, puisque l'on n'explorera qu'à deux ou trois mètres, on aura, j'en suis convaincu, des résultats bien autrement précieux qu'avec tous les moyens employés jusqu'ici. »

Ayant eu moi-même l'occasion de me servir du scaphandre, dans le voisinage du petit archipel

Ponza, dans la Méditerranée, je voudrais insister sur ce dernier point et, en racontant ce que j'ai vu, mettre en relief le grand rôle qu'est appelé à jouer le scaphandre dans la connaissance biologique des êtres qui peuplent la mer, jusqu'à la profondeur d'une trentaine de mètres. — Je voudrais aussi donner quelques renseignements sur l'art de plonger.

Les dragues, fauberts et autres appareils de sondage rendront sans doute toujours de grands services, mais ils ne peuvent pas être parfaitement manœuvrés selon la volonté des opérateurs; ils exposent les animaux qu'ils ramassent à de regrettables brusqueries; tout indispensables qu'ils soient pour atteindre aux grandes profondeurs, ils auront toujours l'inconvénient de briser et déchirer certains organismes délicats. Et puis, les êtres amenés à la lumière au moyen des dragues sont fréquemment détériorés à l'intérieur par le trop rapide changement de pression, en sorte que même dans les cas les plus heureux, lorsqu'ils paraissent en bonne santé et qu'on les installe dans des cuvettes avec de l'eau bien aérée, ils reprennent rarement leurs allures normales, et l'observateur ne peut se faire qu'une idée approximative de leur mode réel de vivre.

Au moyen du scaphandre, le naturaliste supprime complétement ces défauts de la drague. — Il va lui-même à la rencontre des créatures qu'il veut conquérir, il les surprend dans leurs habitudes, constate les rapports qu'elles entretiennent les unes avec les autres, se rend compte sur lui-même des conditions physiques dans lesquelles elles évoluent, de la pression, de la lumière, de la température, etc. Il peut, sur place, dresser une esquisse de leur distribution géographique. Je ne connais pas d'autre procédé qui permette d'aborder l'étude des mœurs des animaux sous-marins, les changements de conditions qu'on leur fait subir en les tirant à la surface entraînant naturellement un grand désarroi dans leurs habitudes. Il est vrai que certains aquariums, celui de Naples, par exemple, sont tellement bien entretenus, leurs bassins sont si vastes, la circulation de l'eau puisée directement à la mer y est si grande, que les animaux paraissent y vivre comme chez eux. C'est ainsi que dans le bassin des poulpes (*Octopus vulgaris*) se rencontrent des individus, qui y demeurent en parfaite santé depuis plusieurs années; ils s'y nourrissent et s'y reproduisent; les diverses espèces de poissons s'y conservent pendant de longs mois, ainsi que les grands Crustacés. Il n'est pas jusqu'à ces organismes chétifs et transparents les Salpes, les Méduses, les Cténophores, etc., qui ne s'y maintiennent pendant quelque temps, à côté des Crinoïdes, des Oursins, des Annélides tubicoles et des Coraux. Mais

les allures qu'on leur observe (1) sont-elles bien
toujours celles que ces êtres possèdent au fond de
la mer? Il va sans dire que leurs faits et gestes sont
simplifiés dans les aquariums qui, les séparant,
rendent superflus leurs organes d'attaque et de défense.

D'ailleurs, j'ai toujours été frappé de l'expression
craintive des animaux dans les aquariums, tandis
que la plupart d'entre eux ne manifestent aucune
surprise à la vue du scaphandrier. Ils en ont à peine
peur et s'y accoutument rapidement, à tel point
qu'il nous est arrivé de capturer, à portée de la
main, des poissons ou de les chasser au moyen d'une
filoche, à la manière des papillons aériens. Après
avoir fui aux premiers mouvements du plongeur,
cette gent aquatique revient à lui avec insistance
pour la plus grande satisfaction du collectionneur.

En outre, l'un des principaux avantages du scaphandre sur la drague est de permettre à l'explorateur de ramasser les animaux, quelle que soit leur
situation, il peut s'insinuer entre les rochers pour
détacher les êtres qui vivent fixés dans leurs an-
fractuosités; c'est là même qu'il fait ordinairement
les plus fructueuses récoltes, tandis que la drague,

(1) Voir les rapports publiés par R. Schmidtlein dans les
Mittheilungen aus der Zool. Stat. zu Neapel, son *Guide
à l'Aquarium de Naples*, et notre chapitre sur la station de
Naples dans le présent volume.

qui ne ramasse qu'à leur surface, ne nous fournit que des notions, forcément incomplètes, sur la faune des fonds rocheux.

Or, ce sont principalement les animaux fixés et ceux qui vivent dans les couches superficielles de la vase qui feront l'objet des poursuites du plongeur. Les industriels, qui ont devancé les naturalistes dans l'application du scaphandre à la recherche des habitants de la mer, s'en sont servi pour pêcher les coraux, les éponges, les huîtres perlières et les oursins. — Le scaphandre nous paraît devoir suppléer à l'absence de marée et permettre, quand même, une exploration des grèves lorsque celles-ci ne découvrent pas. On ne saurait trop reconnaître l'immense supériorité des laboratoires voisins de l'Atlantique et des mers du Nord sur ceux de la Méditerranée pour l'éducation d'un jeune naturaliste. Le flux qui se retire, déposant sur la grève sa poussière vivante, met à sa portée une foule d'objets, que le débutant doit récolter lui-même. Il lui faut soulever des cailloux, remuer le sable, explorer les petites flaques d'eau pour trouver une profusion de choses intéressantes et, dans cet exercice, nombre d'observations instructives se présentent à lui, qu'il ne soupçonne même pas sur les côtes méditerranéennes, où il ne peut jouir du contact immédiat avec les populations qu'il cherche à connaître. C'est ce contact si profitable que le scaphandre facilite. D'autre part, si l'appareil du plongeur donne en quelque sorte une grève aux mers qui n'en ont pas, il augmente, dans une mesure immense, l'étendue de celles que découvre la marée. Tous ceux qui ont eu la bonne fortune de fréquenter le laboratoire de Roscoff se souviennent quelle importance son savant directeur, M. de Lacaze-Duthiers, attache avec raison aux excursions sur la grève, et combien il y stimule toujours le zèle de ses élèves; ils savent avec quelle impatience chacun de ces derniers attend les époques des grandes marées pour atteindre plus bas et plus loin. Et quand on pense aux magnifiques trouvailles qu'un abaissement des eaux de quelques décimètres de plus permet de faire, on se forme une idée des richesses que nous révélera le scaphandre, en nous permettant de descendre beaucoup plus bas encore que les plus basses marées.

Il est donc extrêmement désirable que l'usage du scaphandre se répande de plus en plus parmi les naturalistes. Nous voudrions en voir dans toutes les stations maritimes, et nous ne saurions trop engager les jeunes chercheurs à se familiariser avec la pratique de cet appareil, qui est incontestablement appelé à leur ouvrir de nouveaux horizons sur le monde sous-marin.

Lorsqu'il a revêtu le costume de caoutchouc, le casque de cuivre, la pèlerine de même métal et les brodequins à semelles de plomb qui doivent le lester dans l'eau, le plongeur pèse de deux à trois quintaux. La grosse charge qu'il porte sur les épaules rend ses mouvements pénibles à l'air et ce n'est pas sans difficultés qu'il gagne l'échelle de corde, où il doit descendre dans la mer. Voici comment nous procédions dans les environs du golfe napolitain.' Un petit navire à vapeur — propriété de la station zoologique de Naples — nous conduisait jusque sur les lieux que nous désirions explorer; puis, nous descendions à bord d'un canot, portant la pompe à air et tout l'outillage du scaphandrier.

Le vêtement imperméable qui fait sac manque de souplesse; c'est tout un travail que de s'y introduire et l'aide d'un homme ou deux est indispensable pour cela. Il faut prendre soin d'en fermer hermétiquement les issues, aux poignets par des bracelets élastiques, autour du cou en pinçant le caoutchouc entre la collerette métallique qu'il dépasse de quelques centimètres et le casque. Il est très important aussi de porter toujours par-dessous une couverture de laine, qui protégera contre les refroidissements, et sur les épaules un coussinet pour atténuer les effets du poids considérable qu'elles supportent. Cette dernière précaution sera surtout appréciée par ceux qui doivent demeurer longtemps sous les flots.

Ceci fait, le plongeur s'attache solidement autour de la taille la corde de sûreté, dont l'autre extrémité demeure entre les mains d'un veilleur; elle doit servir aux communications avec la surface. Il passe par-dessus bord jusqu'à l'échelle de corde, qui plonge d'environ 2 mètres et sur laquelle seulement s'effectuent les derniers préparatifs. On fixe à sa ceinture des filets, des sacs et des flacons pour loger la prochaine récolte; un couteau à forte lame pour détacher les animaux durs et trop adhérents; une loupe pour observer de près les plus petites espèces. Enfin, après s'être assuré du bon état de la soupape qui va lui permettre de régulariser la circulation de l'air dans le casque, le plongeur donne ordre de visser la fenêtre ronde qui doit l'isoler dans son appareil, et il s'abandonne à l'élément liquide.

Les premiers instants émotionnent toujours. Les impressions du dehors vous assaillent en si grand nombre, qu'il n'est pas possible de les analyser dès la première descente; on en jouit ou l'on en souffre, sans bien comprendre ce qui vous arrive; ce n'est que plus tard que l'on se rend compte de leur succession et de leur importance relative. Sans être du tout mouillé ailleurs qu'aux mains qui sont seules au contact direct de l'eau, le plongeur éprouve la sensation générale de l'humide, du froid et de la pression. Cette dernière est la plus

pénible; pour certaines personnes, elle est insupportable; il en est qui, à moins de dix mètres de
profondeur, se font retirer, la douleur au tympan
étant trop vive.

Du reste, l'appareil si lourd et si gênant à l'air
est très allégé après l'immersion : il vous laisse une
assez grande liberté de mouvements, le tuyau à air
seul vous retient. On peut s'accroupir, se coucher,
escalader les rochers et mettre en œuvre tous les
instruments destinés à poursuivre jusque dans
leurs gîtes les hôtes microscopiques des profondeurs.

Ce qui frappe, par-dessus tout, dans la Méditerranée est la beauté indescriptible des couleurs. Le
bleu domine partout, il vous enveloppe entièrement, et dans le bleu l'œil ne tarde pas à distinguer
les plus riches nuances, les tons les plus variés. A
cinq ou six mètres, c'est un éblouissement d'azur.

Cette coloration générale résulte de la couleur
propre de l'eau sous différentes épaisseurs. L'eau
est bleue, la couleur qu'elle transmet est la même
que celle qu'elle réfléchit; on sait d'ailleurs qu'elle
la conserve en se solidifiant. Dans la crevasse d'un
glacier, on jouit également de ce magnifique spectacle, d'un bleu pur répandu sur toutes choses.

Les poissons et les autres animaux aquatiques
voient donc bleu dans la mer. M. le professeur F.-A.
Forel a constaté qu'il en est de même dans les

lacs d'eau douce et surtout dans le lac Léman, le lac bleu par excellence. — En plongeant sous l'eau à quelques mètres de profondeur en plein lac, il se vit entouré de toutes parts d'une brillante couleur bleue.

Mais pour que cette couleur bleue soit pure, il s'agit d'observer le rayon vertical et que l'eau demeure parfaitement transparente. Aussitôt que l'agitation des vagues, qui peut se faire sentir à plusieurs mètres de profondeur, remue le fond et met en suspension dans le liquide une certaine quantité de particules solides, le bleu se mélange de vert et de jaune, — C'est exactement ce qui se passe dans les expériences de Spring (1). Le savant professeur de Liège a démontré que de l'eau, contenue dans un tube de verre de 5 mètres de long, ne laisse passer que de la couleur bleue lorsqu'on l'examine sous une telle épaisseur; il la compare à la couleur du ciel, vue par une belle journée du sommet d'une montagne. Mais si dans cette expérience on emploie, à la place d'eau pure, une eau qui contient un précipité naissant plus ou moins abondant, la lumière traversant l'eau passe au jaune plus ou moins foncé. Il peut même arriver « que l'eau ne laisse plus passer de lumière

(1) M. Spring, *la Couleur des eaux*. Revue scientifique du 10 février 1883.

et parait opaque, c'est-à-dire noire. Cette lumière jaune se combinera évidemment avec la lumière bleue de l'eau ; il se produira de cette manière des teintes bleu-vert, vert-bleuâtre, vertes, selon la proportion de jaune. Et même, si le jaune l'emporte de beaucoup, le bleu foncé sera étouffé complètement : l'eau présentera alors, une couleur jaune, brune, ou plus foncée encore. »

. D'où la conclusion que les eaux qui présentent de telles nuances sont celles dont les sels minéraux ne sont pas à l'état de complète solution. C'est sans doute ce qui a lieu dans certaines mers ou certains lacs, tels que l'Adriatique ou les lacs de Joux, de Morat, de Brienz, en Suisse, que M. Forel classe parmi ceux dont la coloration est verte (1).

Dans les mers profondes et sans marées comme la Méditerranée, le bleu est pour ainsi dire permanent ; mais sur les côtes de l'Océan plus impétueux et dont la respiration soulève périodiquement comme des buées de son fond, les teintes verdâtres sont assez fréquentes.

Un plongeur de profession, qui pratique dans les fleuves et les lacs de la Suisse, m'a rapporté qu'il peut à volonté modifier la coloration bleue normale de l'eau en remuant la vase du fond : il s'en élève

(1) F.-A. Forel, *la Faune profonde des lacs suisses*, in-4º Georg, édit. 1885, p. 32.

d'abord un nuage opaque, qui disparaît bientôt par une agitation répétée, mais alors que l'eau paraît avoir repris toute sa transparence, sa couleur changée témoigne qu'elle tient encore en suspension nombre de très fines particules de limon. Ce praticien a d'ailleurs presque toujours vu l'eau troublée passer directement du bleu au jaune ou même au blanc.

Je fournis ces détails, parce que les naturalistes qui s'appliqueront aux excursions dans l'eau, pourront multiplier beaucoup les observations relatives à la couleur de cet élément; ils en tiendront compte aussi dans l'appréciation des nuances que montrent les organismes de fond. A vrai dire, si la couleur bleue de l'onde frappe en premier lieu le plongeur, c'est qu'il est porté à regarder du côté d'où lui vient la lumière, c'est-à-dire dans le sens vertical, celui précisément dans lequel le rayon azuré a son maximum d'intensité; les rayons obliques et latéraux sont beaucoup moins beaux, le vert y prédomine. La différence entre ces deux catégories de rayons s'accentue avec la profondeur. Au point de vue esthétique, c'est un fond rocheux couvert d'algues, de coraux, d'hydraires et d'actinies qui est préférable à tout autre, sous une couche d'eau de cinq à six mètres. Je soupçonne que la visite en scaphandre d'une de ces grottes granitiques tapissées d'*Alcyonium*, de *Cynthia rustica*, d'éponges et de bryozoaires, telles qu'on en rencontre sur les côtés bretonnes, doit être quelque chose d'absolument féerique lorsqu'on l'éclaire à la lumière électrique. La grotte de Duon, près de Roscoff, par exemple, à la haute mer, pendant que tous ses merveilleux habitants sont épanouis, vaudrait à coup sûr la peine d'une telle visite.

Quant à l'intensité de la lumière sous l'eau, elle varie naturellement selon la profondeur et l'état du ciel. Sous l'éclatant soleil napolitain, on peut encore lire jusqu'à quinze ou vingt mètres. A dix mètres, la lumière est suffisante pour permettre les observations à la loupe; on peut suivre parfaitement, accroupi auprès d'un rocher, les évolutions des plus petits êtres. M. Petersen, ci-devant ingénieur à la station de Naples et plongeur émérite, nous a affirmé qu'à 35 mètres, la lumière commence à être sensiblement atténuée, quoiqu'on puisse encore y chercher des animaux et des plantes sans le secours d'une lumière artificielle. On sait d'ailleurs, grâce aux recherches photométriques de ces dernières années, que les rayons actiniques pénètrent beaucoup plus bas dans l'eau de la Méditerranée.

Mais le naturaliste, dont les recherches demandent toujours un certain temps, dépasse rarement dix mètres de fond. Lorsque la pression atteint une atmosphère, elle devient gênante; quelques savants

s'y sont pourtant très bien accoutumés. J'en ai
connu qui travaillaient sans inconvénient, deux
heures consécutives, à cette profondeur; ils reve-
naient à la surface aussi dispos qu'ils l'avaient
quittée. Le nombre de ceux qui descendent jusqu'à vingt mètres est beaucoup plus limité, et encore n'y demeurent-ils que quelques minutes —
quinze à vingt en moyenne — les mouvements respiratoires deviennent extrêmement fatigants et
ne peuvent être entretenus qu'à la suite d'un
long apprentissage, qui n'est guère le fait des naturalistes.

Passé cette profondeur, l'emploi du scaphandre est exceptionnel. On cite des plongeurs qui
l'ont doublée et même triplée dans l'eau douce. Cependant, en 1880, un petit bateau à vapeur, *le Nep-
tune*, coula à pic dans le lac de Bienne, en Suisse,
par un fond de 60 mètres. Le Conseil fédéral s'a-
dressa aux gouvernements étrangers pour obtenir
le secours de plongeurs renommés : personne ne se
présenta. Dans l'eau salée, la pression augmente
avec la densité; elle équivaut à 1,450 grammes par
centimètre carré, pour chaque colonne d'eau de
dix mètres dans la Méditerranée. Au mois d'août
1865, un homme courageux, le plongeur Des-
champs, fut envoyé dans le voisinage de l'île
d'Ouessant, afin de retirer un grand vapeur, *le Co-
lumbian*, détruit six mois auparavant par un incen-

die et dont la carcasse s'était abîmée à une profondeur de 70 mètres. On peut lire dans les *Annales de sauvetage maritime,* du mois de mai 1866, le récit de ses sensations et de ses peines ; sa forte constitution ne put supporter une pareille pression. A 60 mètres, il fut pris d'hallucinations, de tremblements et dut être retiré, ayant complètement perdu connaissance. De pareils cas ont été plusieurs fois observés. A partir de 40 mètres, des effets pathologiques graves se présentent fréquemment.

J'ai consulté, sur ses impressions dans l'eau, un mécanicien de Genève, qui depuis quinze ans fait le métier de plongeur. Il m'a envoyé en réponse quelques notes manuscrites, résultat de son expérience, qu'il peut être intéressant de transcrire ici.

« Je donne la préférence au scaphandre Rouquayrol ; sa manœuvre est plus facile dans les travaux que je suis appelé à exécuter. J'ai appris par expérience que le plongeur doit s'abstenir de toute boisson alcoolique : s'il a soif au départ il peut avaler un verre de bon vin rouge ; le vin blanc et la bière doivent être condamnés pour des raisons faciles à comprendre. Il ne faut jamais descendre pendant la digestion ; bien des plongeurs ont souffert de graves malaises pour avoir négligé cette recommandation. La plupart de mes collègues ont l'habitude de manger avant leur travail un peu d'ail pur et, en effet, ce mets facilite beaucoup la respiration, mais son odeur désagréable en restreint naturellement l'emploi.

Un des grands inconvénients de la pression sous l'eau est d'exciter la salivation : la quantité de salive produite est parfois tout à fait gênante, et il n'est pas commode de la déglutir à mesure qu'elle est sécrétée. C'est pour faciliter son expectoration que le plongeur fait bien de s'attacher au-devant des lèvres une petite bavette en toile, qu'un simple mouvement de la tête met à sa portée immédiate. Un autre inconvénient a rapport à la difficulté de voir à travers la lucarne du casque, lorsque la vapeur d'eau de l'haleine et de la transpiration se condense contre la glace. Il faut à tout instant essuyer celle-ci. On peut le faire tout simplement au moyen de la langue; il est mieux cependant d'employer à cet effet une petite éponge, que l'on fixe sur le front et dont on se sert en agitant la tête.

Ce n'est pas sans une certaine appréhension qu'un homme plonge avec le scaphandre, même lorsqu'il en a beaucoup l'habitude; il ressent toujours un peu d'émotion au moment du départ, surtout s'il doit descendre profond. Pourtant, la crainte ne tarde pas à se dissiper lorsqu'il est complètement immergé et qu'il demeure à une profondeur de 2 ou 3 mètres seulement. Mais alors, il ne peut pas se rendre compte des impressions que l'on ressent en descendant plus bas. Il est sûr que les dangers augmentent avec la profondeur. A 3 mètres, le plongeur est à la portée de l'échelle, il est facilement suivi par le veilleur et peut-être retiré très rapidement; aussi est-il là en toute sécurité; mais à 20 ou 30 mètres, les conditions sont bien différentes et l'on reste toujours soucieux.

Puis, lorsqu'on plonge dans le but d'exécuter de pénibles travaux, la fatigue ne tarde pas à venir, qui vous enlève tout plaisir. Je conçois qu'il y ait quelque agrément à descendre sous l'eau en amateur, mais lorsqu'on y va en qualité d'ouvrier, c'est très dur; c'est si dur que l'on ne recrute pas facilement des plongeurs ou, du moins, que ceux qui exercent cette profession ne peuvent le faire longtemps. Dans la majorité des cas, il ne tarde pas à se produire chez eux des troubles dans les voies respiratoires; leur voix devient rauque, et l'on entend le bruit de leur respiration. Ces accidents sont sans doute le résultat de brusques refroidissements, car autant le plongeur a chaud et transpire s'il se donne beaucoup de mouvement, autant il prend vite froid lorsqu'il se repose. D'ailleurs, le plongeur s'habitue à l'ordinaire facilement aux souffrances résultant de la pression sur ses organes sensibles. C'est ainsi qu'ayant plongé longtemps à 4 ou 5 mètres, la douleur me paraissait insupportable à 10 mètres. Il y a quelques années, je dus aller retirer des wagons de ballast, qui étaient tombés dans le lac de Sylans, à une profondeur de 16 mètres. J'eus de la peine les premiers jours, mais je m'y accoutumai si bien, qu'aujourd'hui je n'éprouve aucune sensation désagréable lorsque je m'enfonce jusqu'à 10 mètres...

Ultérieurement, je fus obligé de descendre dans le lac de Genève jusqu'à 45 mètres de fond. Voici les impressions que j'ai ressenties lors de cette grande descente :

A 10 mètres, je ne ressens presque rien, étant familiarisé avec une pression de deux atmosphères.

A 20 mètres, le poids de l'eau m'oppresse joliment, sans cependant m'incommoder fortement.

A 25 mètres, je commence à souffrir de maux de tête, et par moments mes yeux se voilent et mes oreilles bourdonnent ; les parties sexuelles deviennent aussi douloureuses.

A 30 mètres, les maux de tête sont plus violents et vont toujours en augmentant jusqu'à 40 mètres où toute ma tête devient d'une extrême sensibilité ; je ressens chaque coup des clapets de la pompe et je m'aperçois que du sang coule de mes narines.

Enfin, à 45 mètres, les phénomènes précédents sont à leur maximum d'intensité ; l'hémorrhagie nasale est assez forte, et je perds du sang par les oreilles. J'ai beaucoup de peine à me mouvoir, mes forces sont énormément diminuées ; il me faut fréquemment me coucher sur le dos pour prendre du repos, et aussi pour permettre à l'air de se répartir jusqu'aux extremités inférieures du vêtement, où il se forme toujours des plis qui tendent à s'incruster dans les membres, les serrant très fort et leur donnant une sorte de paralysie. Grâce à ces précautions, je pus rester pendant vingt minutes à cette profondeur de 45 mètres, mais j'avoue que c'est avec un grand contentement que je me sentis remonter à la surface.

Il va sans dire qu'il faut toujours descendre avec une grande lenteur et remonter de même. »

La condition essentielle du bien-être dans le scaphandre réside dans la régularité de la respiration. C'est afin de l'assurer dans la mesure du possible que les scaphandres modernes sont tous munis d'un régulateur de la circulation d'air. Il s'agit, en outre, que le jeu de la pompe et des soupapes soit bien surveillé. Une interruption dans la venue de l'air pourrait avoir de terribles conséquences; cependant, M. Petersen estime que le volume d'air contenu dans le casque pourrait entretenir la vie pendant cinq minutes, temps suffisant pour donner les signaux d'alarme et se faire remonter.

Il faut être attentif à bien disséminer l'air dans le vêtement, il tend à en occuper la région supérieure; on doit presser le caoutchouc, pousser l'air vers le bas et graduer la soupape de sortie de l'air

au point voulu pour chaque profondeur. S'il en
entre plus qu'il n'en sort, le plongeur gonfle et les
plombs dont il est chargé sont insuffisants pour le
maintenir au fond. Il m'est arrivé de me sentir
remonter ainsi, les pieds en l'air pour avoir négligé de modifier la soupape pendant qu'étant incliné
la tête plus bas que les pieds, l'air gagnait en excès
la portion postérieure de mon costume.

L'air qui sort dans l'eau fait un *glouglou* qui
constitue un sérieux inconvénient au point de vue
de la perception des bruits sous-marins. Il est
d'ailleurs vraisemblable que les profondeurs de la
mer sont fort silencieuses. Toujours est-il que le
plongeur en est encore réduit à ne communiquer
avec la surface qu'au moyen de signaux de con-
vention. Nous avons dit qu'il est solidement attaché à une corde, par laquelle il peut être descendu
et remonté; c'est la même corde qui lui sert à cor-
respondre avec les personnes qui, sur le pont du
bateau, sont attentives à ses mouvements. Une
forte secousse imprimée à la corde signifie que
tout va bien; deux secousses, *remontez-moi;* trois
secousses, *descendez un sac;* une série de secousses
rapidement répétées signalent un danger, c'est
une sorte de cri d'alarme, qui vous fait immédiatement retirer par les bras vigoureux des matelots.
On peut naturellement varier infiniment ce procédé
de communication; mais il laisse toujours beau-

coup à désirer. Il arrive, par exemple, que le mouvement irrégulier des vagues imprime à la corde des secousses non voulues, et qui sont interprétées à bord comme si elles provenaient du plongeur. C'est ainsi que ce dernier reçoit le sac sur la tête, au moment où il s'y attend le moins et alors que l'abondance de la récolte ne le rend nullement nécessaire. Il est même arrivé à un de mes amis qui s'était glissé sous un rocher, pour mieux observer une touffe d'algues, de se sentir subitement enlevé, à l'instant où il allait compléter une importante étude.

Et puis, au moyen de la corde, il n'est pas possible de tout dire! Ces défauts ont fait penser à M. Petersen que ce serait un service à rendre au scaphandrier que de lui fournir un moyen de se faire entendre à la surface, et cet habile ingénieur a tenté plusieurs expériences dans le but d'appliquer le téléphone au scaphandre. Elles n'ont pas répondu jusqu'ici à ce que l'on en attendait. Mais M. Petersen n'est pas homme à se décourager, et nous espérons qu'il réussira à surmonter toutes les difficultés. Le fait est que le plongeur, dont les mouvements de la tête sont fort restreints, dont les conduits auditifs sont bourrés de coton pour atténuer les effets de la pression sur le tympan et dont l'attention est constamment distraite par le bruit de l'air qui s'échappe du casque, ne saisit pas distinctement les paroles humaines. D'autre part, le vent qui souffle, le clapotage des vagues et les mille bruits qui se produisent sur le navire, ne permettent pas à ceux qui s'y trouvent de percevoir suffisamment les réponses du plongeur. La grosse corde sert donc encore aux correspondances sous-marines, mais les incessants progrès de la téléphonie permettront sans doute sous peu de l'utiliser et contribueront à rendre plus sûr l'usage d'un appareil où la vie d'un homme est en jeu. Il est indispensable que le plongeur puisse causer avec son veilleur et ne soit plus exposé aux suites funestes d'un défaut de mémoire des signes conventionnels ou d'une erreur d'interprétation. Lorsque deux scaphandriers plongent en même temps, ils réussissent à s'entendre au fond de l'eau en faisant toucher leurs casques pendant qu'ils parlent; ils peuvent de la sorte se communiquer leurs impressions.

On voit, par ces quelques détails, que l'on s'ingénie à faciliter par tous les moyens possibles l'usage du scaphandre. Tel qu'il est aujourd'hui, on on peut le considérer comme étant à la portée du plus grand nombre. Et comme la splendeur du spectacle dont on jouit sous l'eau ajoute un grand charme à son intérêt scientifique, nous formons le vœu qu'un scaphandre soit dorénavant toujours compris dans l'aménagement d'une station destinée à l'étude de l'histoire naturelle maritime et que les jeunes naturalistes soient conviés à s'en servir.

VII.

LA SARDINE,

SA PÊCHE ET SON INDUSTRIE.

Une grande inquiétude agitait, il y a deux ans, ceux là qui, en France, vivent de l'industrie de la sardine. Ils sont nombreux, plus de cent mille assurément, si nous comptons leurs femmes et leurs enfants; ils sont dignes du plus grand intérêt. Ce sont des marins localisés dans les petites villes et les villages du littoral; ils ne possèdent, pour la plupart, aucun autre moyen de subsistance. Les sardines abondent-elles, vous voyez, sur toutes les côtes océaniques, ces braves gens affairés du mois de mai au mois d'octobre, jouissant gaiement des profits de leur rude labeur; viennent-elles au contraire à diminuer tout à coup ils sont plongés dans la plus noire misère. Or, cette seconde alternative a été redoutée, d'une manière à peu près continue, de 1880 à 1886. Pour des motifs qu'on ignore, le rendement de la pêche en l'année 1880 a été environ la sixième partie de celui de 1879. Du coup, plusieurs centaines de familles furent réduites au désespoir, et comme le malheur s'accentua les années suivantes, le ministère français s'en émut. Une grande commission, composée de pêcheurs, d'industriels et de naturalistes, fut instituée; elle siégea dans la ville de Brest, sous la présidence de l'amiral préfet maritime de cette localité; ses membres, à peu près tous aussi ignorants les uns que les autres des conditions d'existence de la sardine, — lesquelles sont, en effet, très mal connues — eurent beaucoup de peine à s'entendre. Certains d'entre eux expliquaient *a priori* l'absence du poisson par l'hypothèse d'une multiplication exagérée de ses ennemis naturels; d'autres songeaient à une diminution subite et sans raison de leur nourriture; d'autres encore accusaient, sans aucune preuve suffisante, de prétendus changements de courants ou de la température des eaux. Enfin, les derniers, les plus affirmatifs et les plus convaincants, voyaient dans le pêcheur lui-même le principal auteur du mal et condamnaient l'usage des grands filets connus sur le nom de *seines*, qui font de véritables razzias de sardines. Ils eurent gain de cause auprès de la majorité de la commission de Brest.

Les filets perfectionnés, les plus avantageux, ceux dont l'emploi marquait un grand progrès dans l'art de prendre beaucoup de poissons, furent prohibés. Et voilà que subitement, alors que savants, industriels et pêcheurs étaient encore à discuter sur les causes mystérieuses de la disparition des grands bancs de sardines, ceux-ci reparurent en 1887 comme une manne bienfaisante. Ils reparurent aussi denses qu'ils ne l'avaient jamais été, donnant raison au zoologiste G. Pouchet, directeur du laboratoire maritime de Concarneau, lequel, durant tout le débat, n'avait cessé de dire et répéter que la mer est une inépuisable nourrice et le nombre des sardines qui l'habitent si immensément grand, que les millions soustraits annuellement par l'homme ne font pas plus pour les détruire qu'une pincée de sable soulevée du rivage pour défigurer les côtes. D'où la conclusion pratique : « Il faut laisser prendre le plus possible de sardines et, pour cela, permettre aux pêcheurs le libre usage de toutes les sortes d'engins. »

Dans l'été de 1888, la sardine a augmenté encore, la récolte a été extraordinairement abondante, en sorte que l'espérance est partout revenue. Aussi le moment était-il propice pour étudier cette grande pêche maritime : je m'en vais vous raconter ce que j'ai vu, ce que j'ai appris.

Par une belle matinée du mois d'août, nous quittons le port de Concarneau, à bord du bateau de Fortuné Y, pêcheur libre, travaillant pour l'une des principales fabriques de la contrée. C'est un vieux bateau, une *sardinière*, portant le doux nom de *Marie-des-Anges;* il n'a pas les élégances des bateaux modernes, mais il est large et tient solidement la mer. Toutes voiles dehors, il a une fière allure et, s'il ne fend pas les ondes avec la vitesse des bateaux plus jeunes que lui, il offre beaucoup plus de sécurité. Contre ses flancs est inscrit en grands chiffres de céruse le numéro 686, son numéro d'inscription, ainsi que le portent tous les autres bateaux de pêche, au nombre d'un millier, cette année, à Concarneau. Nous franchissons la balise, *la Médée*, qui marque la sortie du port et nous croisons des centaines de bateaux semblables à *Marie-des-Anges*, sur le point d'appareiller, eux aussi, mais qui sont venus coucher là par mesure de précaution, afin d'éviter à leur équipage la tentation de boire, qui est très forte, parait-il, lorsqu'il passe la soirée à terre. Les pêcheurs savent tous, par expérience, les conséquences fatales des excès auxquels ils se laissent trop facilement entraîner; c'est pourquoi, beaucoup d'entre eux s'en vont ainsi dormir sur mer, loin des débits de vin ou de cidre. Souvent leurs femmes les obligent à sortir, préférant les voir braver les dangers des coups de vent que ceux des coups d'alcool, plus certains et plus meurtriers. Intempérant sur terre, le marin est d'une sobriété exemplaire à bord de son bateau, il croit que l'ivresse sur mer est fatalement punie.

La brise matinale nous pousse lentement au large, escortés de toute la petite flottille, dont les voiles blanches et rouges font le plus joli effet; et tous ces bateaux suivent en cadence le battement des flots, ils convergent vers la même ligne argentée qui révèle au loin le banc des sardines.

Marie-des-Anges porte six hommes, c'est le chiffre moyen de l'équipage d'une sardinière, un patron, deux matelots, deux novices et un mousse. Ce dernier est un joli garçon de douze ans, fort habile déjà; il nous sert une soupe aux crabes, savoureuse, qui vient de sortir bouillante de la cuisine du bord; nous préludons ainsi à la dure besogne qui nous attend. Le patron tient la barre; il nous raconte des histoires de naufrage, les batailles auxquelles il prit part, pendant son service dans la marine militaire. Peu à peu, le contour des côtes s'évanouit dans la pâle lumière du matin; de grands oiseaux de mer voltigent à notre proue, puis, tout à coup, s'arrêtent. « Ils ont senti la sardine », dit un de nos hommes, et en effet des reflets métalliques, des chatoiements d'émeraude et d'azur, signalent à la surface de l'eau la présence d'innombrables poissons. Alors nous abattons nos voiles et commençons la pêche.

La sardine se prend partout au moyen de grands filets, dont la forme et les dimensions varient selon les pays. Ceux dont on fait usage à Concarneau sont rectangulaires, d'une longueur de vingt à trente mètres, sur six à huit mètres de hauteur. Ils sont généralement confectionnés par les femmes des pêcheurs au moyen d'un fil de chanvre aussi ténu que possible, afin que les poissons ne le voient pas. La tête du filet, c'est-à-dire son bord supérieur, est muni de flotteurs de liège; son bord inférieur porte une forte ralingue de chanvre, dont le poids suffit pour assurer au filet immergé une station verticale. Chaque bateau en possède plusieurs exemplaires qui diffèrent par la grandeur des mailles. Comme la taille des sardines qu'on rencontrera est inconnue au moment du départ et qu'elle peut varier d'un jour à l'autre, il s'agit d'emporter des engins de différents calibres. On donne le nom de *moule* à la grandeur des mailles évaluée en millimètres et comptée sur deux mailles contigues, tendues verticalement jusqu'à ce que leurs bords se touchent. La sardine la plus avantageuse est celle de taille moyenne, pesant de cinq à dix grammes et dont douze à vingt-quatre individus suffisent pour remplir une boîte d'un quart de livre. C'est le numéro courant pour la préparation des conserves. Le moule des filets au moyen desquels on pêche de telles sardines est de 45 à 58 millimètres; c'est précisément un filet du moule de 50 millimètres qui nous est utile dans notre pêche d'aujourd'hui.

Il est lentement descendu à l'arrière du bateau, celui-ci étant tenu debout au vent, à l'aide des avirons. Rien ne presse : il faut procéder méthodiquement, afin que le filet s'étale pleinement dans la prolongation de l'axe du bateau. Lorsque le poisson se trouve près de la surface, le simple mouvement du bateau et celui des embarcations voisines suffit pour l'effrayer et le pousser dans le filet. Ce cas est exceptionnel cependant. Presque toujours la sardine flotte à quelques mètres de profondeur. Il s'agit alors de la faire lever, c'est-à-dire de l'attirer au niveau du filet. On emploie dans ce but deux sortes d'appâts, que le patron lance par poignées, tantôt d'un côté du filet, tantôt de l'autre, selon la direction des sardines.

Le premier appât, et de beaucoup le meilleur, est une pâtée épaisse, composée de *rogue* ou œufs de morue desséchés, mélangés en proportion variable avec de la farine d'arachide. La rogue est préparée en grand sur les côtes de Norvège ; elle est fort coûteuse, c'est là son grave défaut. Elle se vend par petits barils, du poids de 133 kilogrammes et du prix de 40 à 80 francs. Le contenu d'un baril ne sert en moyenne qu'à quatre coups de filet. Le second appât, beaucoup meilleur marché et qui présente l'avantage de pouvoir être préparé sur place, consiste en débris hachés de poissons et de crustacés, de chevrettes surtout. Les sardines sont particuliè-

rement friandes de la rogue : elles montent impé-
tueusement pour la happer et rencontrent le filet
dans lequel elles se maillent, c'est-à-dire engagent
leur tête dans les mailles d'où elles ne peuvent plus
la retirer, le bord libre des opercules s'opposant à
un mouvement de retour.

Le spectacle est fort intéressant : des milliers d'é-
cailles détachées de la peau fine et délicate des sardines recouvrent l'eau tout autour du filet, des reflets argentés jaillissent des profondeurs qui accu-
sent la détresse des pauvres petites bêtes. Elles se dé-
battent vainement et ne tardent pas à mourir. Lorsque le filet est à peu près rempli, le patron donne
un signal, et alors chacun s'aide pour le retirer, le
déchargeant, au fur et à mesure des sardines cap-
tées. Elles sont jetées pêle-mêle au fond du bateau,
sans qu'il soit nécessaire d'opérer un triage, puisque les mailles du filet étant de même grandeur sur
toute son étendue, il ne s'y est pris que des sardines à peu près toutes de même dimension.

Pendant que nous procédons au nettoyage du
filet, le soleil est monté jusqu'au zénith, des ruis-
sellements de lumière tombent sur la mer qui commence à remonter; un petit vent doux et délicieux,
le vent du flux, souffle depuis les îles Glénans dont
on devine du côté du sud le profil, malgré les tour-
billons d'air chaud qui déforment les nuages. Et
comme le butin est abondant, nous rapportons

quinze mille sardines; le patron se déclare satisfait, il ordonne le retour.

Lorsque tous les bateaux sont rentrés au port, une grande animation règne dans la petite ville de Concarneau. Une nuée de porteurs, de saleurs, de *ramandeuses* ou raccommodeuses de filets, se mettent au travail; tout cela court du port aux usines et des usines au port; tout cela s'entrecroise, se confond sans désordre, se partageant le travail, de manière que chacun y trouve quelque profit. Les hommes sont silencieux; les femmes, très affairées, elles aussi, trouvent le temps encore d'achever la conversation commencée.

La plus grande partie des sardines est transportée toute fraîche dans les usines où se préparent les conserves à l'huile, les *sardineries*, comme on les appelle dans le pays. Cependant, bon nombre d'entre elles sont immédiatement salées et expédiées le jour même à Paris, par le train de marée. Le lendemain matin, elles figurent sur le marché des Halles. Des femmes les enserrent dans des paniers d'osier, où elles entrent par centaines, et ce travail se fait en plein air sur les quais de la ville, se prolongeant quelquefois fort tard, à la lueur des chandelles.

Du reste, les choses sont fort bien organisées. A bord de leurs bateaux, les pêcheurs comptent les sardines, les plaçant, par groupes de deux cents individus, dans de petits paniers ronds, qui sont aussitôt enlevés par les porteurs, puis un peu plus tard vidés par eux sur les dalles des usines. Les poissons, qui ont tous eu le temps de mourir pendant la traversée, ne possèdent déjà plus leur éclat de métal, les teintes bleuâtres qui ondulaient sur leurs flancs se sont effacées; ils sont devenus uniformément argentés, tels que nous les retrouverons après des années dans les boîtes de conserves.

Les usines présentent à peu près toutes les mêmes caractères, le mode de préparation de la matière première variant peu de l'une à l'autre. Des femmes, dans la plupart des cas, y sont employées. Elles commencent par l'*étêtage* des sardines. D'un seul coup de couteau, elles leur enlèvent en même temps la tête et les principaux viscères, intestin, cœur, foie. Nous avons examiné un assez grand nombre de sardines au sortir de cette opération, et jamais nous n'avons retrouvé autre chose dans la cavité de leurs corps que les ovaires atrophiés et les reins qui, par leur situation de chaque côté de la colonne vertébrale, échappent aux atteintes du couteau.

La sardine ainsi nettoyée est immergée dans la saumure, solution saturée de sel marin; elle y reste un temps qui varie selon ses dimensions, mais n'excède pas deux ou trois jours. Après quoi, on la lave à grande eau, et on la fait sécher au soleil sur des grils en fil de fer, spécialement construits dans ce but. Cette phase de la préparation est très importante, elle précède nécessairement l'*huilage*. En temps de pluie, on y emploie la chaleur artificielle.

Les poissons, desséchés jusqu'à un certain degré que l'expérience apprend à connaître, sont plongés dans l'huile bouillante, puis arrangés par une multitude de mains féminines dans les boîtes de ferblanc préparées *ad hoc*, dans un atelier de ferblanterie, attaché généralement à l'usine même. Il en existe de toutes les grandeurs de ces boîtes, depuis celles qui ne contiendront que huit sardines jusqu'à celles qui en recevront deux cent cinquante, bien serrées toujours les unes contre les autres, afin de ne plus se déplacer durant les transports.

Les boîtes sont alors transportées sous les robinets par lesquels l'huile s'écoule et, lorsqu'elles en sont remplies, on les ferme. La qualité de la sardine conservée dépend de celle de l'huile dont on fait usage; dans les grandes fabriques, on emploie toutes espèces d'huile depuis les plus fines jusqu'aux plus ordinaires. C'est l'élément qui fait le plus varier le prix de la boîte.

La rapidité avec laquelle opèrent les soudeurs dans la pose du couvercle est admirable, les visiteurs des sardineries en sont toujours émerveillés. Autrefois, ce travail exigeait la présence d'un fourneau devant chaque ouvrier, afin que celui-ci pût entretenir constamment le fer à souder à la tempé-

rature convenable. Les gaz de la combustion exer-
çaient naturellement sur lui la plus fâcheuse action.
Aujourd'hui, il n'en est plus ainsi. Les ferblantiers
emploient le gaz d'éclairage dans toutes les grandes
usines; en outre, ils font usage de l'ingénieux appareil introduit dans la pratique chirurgicale par
le Dr Pasquelin, sous le nom de thermo-cautère.
Un bloc de cuivre, taillé sur le modèle ordinaire des
fers à souder, reçoit en même temps, par son manche tubulaire, du gaz et de l'air; ce dernier y est
poussé au moyen d'une soufflerie. L'accès des gaz
est réglé par un robinet, en sorte que l'ouvrier
peut maintenir indéfiniment le bloc de cuivre à la
température voulue. Un bon ouvrier ferme aisément mille boîtes par jour.

Enfin, les boîtes, hermétiquement closes, sont
soumises à un dernier traitement, le *cuitage,* qui est
la condition *sine qua non* de la bonne conservation
des sardines. C'est une sorte de stérilisation par la
chaleur, dont les friteurs avaient empiriquement
reconnu la nécessité, longtemps avant qu'on parlât
de microbes. Et de fait, il s'agit de détruire les germes de la putréfaction, les micro-organismes conte-
nus dans l'huile, adhérents aux parois de la boîte
ou à la surface des poissons, et dont le développement entraînerait à coup sûr la décomposition du
produit.

Les boîtes sont plongées dans un bain d'huile

chauffée à 120° centigrades, ou plus simplement dans un bain d'eau bouillante, ce qui suffit paraît-il; elles y demeurent pendant une heure ou deux, les grosses boîtes plus longtemps que les petites, car il est indispensable que la chaleur pénètre jusqu'à leur centre.

Du même coup, on vérifie, par là, la fermeture des boîtes. Sous l'influence de l'élévation de la température, leurs minces parois métalliques se soulèvent, la face extérieure devient convexe; en se refroidissant, elles reprennent peu à peu leur forme primitive. Les boîtes qui ne se bombent pas à chaud sont percées d'un trou : il existe assurément, sur leurs bords soudés, une fissure invisible, microscopique, mais suffisante toujours pour qu'à la longue leur contenu se gâte; aussi sont-elles soumises à une nouvelle soudure.

Finalement, les boîtes, rassemblées par ordre de grandeur et selon la qualité de leur huile, prennent place dans les magasins. Durant les mois de grande production, les mois d'été sur les côtes de Bretagne, les boîtes de sardines s'y entassent par milliers, par centaines de milliers, qui ne tardent pas à être exportées dans tous les pays du monde.

La pêche de la sardine sur les côtes de Bretagne est extrêmement ancienne, et depuis plusieurs siècles les pêcheurs se sont livrés à l'exportation de ce poisson comprimé et salé comme cela se pratique áilleurs, encore de nos jours, surtout en Espagne. Depuis le siècle dernier, les raffinés savaient conserver les sardines dans la graisse. Un auteur qui nous a laissé d'intéressants documents sur les pêches de son époque, Baudrillart, écrivait en 1827 : « On peut conserver pendant un mois des sardines dans le beurre; voici comment on y réussit. Pour 50 sardines, on emploie une livre de beurre frais bu'on fait fondre, 4 onces de sel, une once et demie de poivre fin et un peu de muscade; quand le beurre est fondu, mais sans être roussi, on le laisse refroidir pour qu'en trempant les sardines dedans, elles en sortent couvertes; en cet état, on les arrange dans un pot de grès; on fait un peu réchauffer le beurre qui reste, qu'on verse sur les sardines de façon qu'elles en soient complètement couvertes. »

Les sardines ainsi conservées sont fort goûtées des gourmets, mais on conçoit qu'un tel mode de préparation soit très défectueux au point de vue de la durée du produit. Après deux mois, celui-ci n'est plus mangeable, tandis que les sardines conservées à l'huile se bonifient en vieillissant. C'est du moins ce que nous affirmait un friteur de Concarneau, et il ajoutait qu'à l'occasion d'une visite de Gustave Flaubert, il avait ouvert une boîte vieille de *trente* ans, et que le grand romancier, qui s'y connaissait, en avait trouvé le contenu délicieux. Je dois faire cependant sur ce point des réserves à l'égard des boîtes dont l'huile n'est pas extra-fine. A la longue, des altérations chimiques, encore mal connues, donnent aux poissons imbibés d'huile ordinaire un certain goût de conserve rance, qui n'a rien d'agréable. Il est vrai que tous les palais n'ont pas la même délicatesse et ne témoignent pas des mêmes exigences. Ainsi, en France et en Italie, on débite à bon marché des qualités de sardines qui ne trouveraient pas d'acquéreurs chez les Russes et les Anglais. Ceux-ci sont très difficiles, ils n'achètent que la meilleure qualité. Quant aux produits très inférieurs, ils s'en vont aux colonies; les Chinois et les nègres en sont très friands.

L'idée de cuire la sardine dans l'huile bouillante et de la conserver dans ce même liquide est relativement récente. Künckel d'Herculais l'attribue « à un honorable magistrat, juge alors au tribunal civil de Lorient qui, en 1825, portant intérêt à une vieille demoiselle, Mlle Le Guilliou, l'engagea à cuire et à conserver dans l'huile quelques centaines de sardines pour les envoyer à des épiciers de Paris. La réussite fut complète, et notre magistrat fournit à sa protégée le moyen de fabriquer en grand; encouragé par le succès, il donna sa démission, installa une importante usine à Lorient et devint le premier fabricant de sardines à l'huile » (1).

(1) Kunckel d'Herculais, *la Grande Pêche. Science et nature*, t. I. 1884

Ce n'est guère que vingt ans plus tard, en 1844, que les fabriques s'installèrent à Nantes. A Concarneau, l'industrie de la sardine à l'huile ne se développa qu'à partir de 1852. A l'heure qu'il est, son extension est énorme en Bretagne, en Vendée, surtout le littoral du golfe de Gascogne et jusqu'en Espagne. Douarnenez, Concarneau, Audierne, les Sables d'Olonne et la Corogne sont ses principaux centres. Dans ces diverses localités, le mode de préparation est à peu près toujours le même.

Mais ce qui varie davantage est le procédé de pêche. Nous avons dit combien est simple le filet dont on fait usage à Concarneau. C'est le filet antique, employé également dans toute la Vendée, mais à Audierne, à Douarnenez, etc., il a été remplacé durant plusieurs années par des *seines*, espèces de très grands filets, qu'on a accusés de prendre trop de poissons et de dépeupler la mer. C'est, à tort ou à raison, le motif pour lequel on en a condamné l'emploi; nous estimons avec M. George Pouchet que c'est absolument à tort. En prenant une telle mesure, le gouvernement français a rendu un grand service non pas à ses ressortissants, mais aux industriels des côtes anglaises, espagnoles et portugaises, qui font depuis quelques années une concurrence redoutable à l'industrie française.

Sur les côtes de Cornouailles, on pêche la sardine au moyen de filets flottants, manœuvrés par

deux ou trois bateaux, qui ne mesurent pas moins
de 160 brasses de longueur sur 15 de hauteur. Lorsque le poisson est abondant, un seul coup de ces
immenses filets peut en rapporter jusqu'à six millions d'individus. On garde le souvenir dans ces
régions, de pêches vraiment merveilleuses; l'année
1827 en particulier est restée célèbre à cet égard.

Il résulte des documents publiés récemment,
par S. A. le prince de Monaco (1) sur la pêche de la
sardine en Espagne, que, là aussi, les grands filets
perfectionnés sont en faveur. Plusieurs fabriques
fort bien achalandées se sont établies sur la baie
de la Corogne et exploitent le poisson pêché au
moyen du *cedazo*.

On nomme ainsi un filet gigantesque, qui s'étend
comme un vaste rideau, haut de 30 metres sur une
longueur de 1,600 mètres. Il est lesté par une triple ralingue de chanvre et immergé de manière à
envelopper le banc de sardines. Ses deux extrémités, tournées vers le rivage, sont reliées par des
câbles puissants à des cabestans, placés sur la
grève et dont le jeu a pour effet de replier le *cedazo*
autour des sardines. Celles-ci sont alors cernées
dans une large enceinte, d'où elles ne peuvent s'é-
chapper. Les pêcheurs viennent, selon les besoins
des fabriques, puiser le poisson avec de petits filets
nommés *trahina*. L'avantage du *cedazo* consiste

____

(1) *Revue scientifique,* 23 avril 1887.

dans le nombre énorme (plusieurs millions) de sardines enfermées de la sorte dans une prison flot-
tante, où elles peuvent être gardées vivantes une
quinzaine de jours. On évite ainsi la perte de sardines, qui ne manque pas de se produire ailleurs,
lorsque les pêcheurs en apportent des quantités dis-
proportionnées aux ressources de préparation des
usines. Ainsi, à Audierne, où le chemin de fer n'atteint pas encore, j'ai vu, cette année, des pêcheurs
embarrassés par l'abondance de leur récolte jeter sur
les champs d'alentour des centaines de milliers de
sardines, pour lesquelles ils ne trouvaient pas d'ache-
teurs. Cela constitue un engrais de premier ordre,
mais on conçoit qu'un tel emploi ne soit pas profitable pour les pêcheurs. Au lieu de cinq à six francs
le mille, prix moyen payé par les usiniers, la sardine rapportée morte en un pareil excès ne vaut
plus que quelques centimes. L'impossibilité d'é-
couler les produits de la pêche est, dans certains
petits ports, un des éléments dont on n'a pas suffisamment tenu compte, lors des récentes discussions auxquelles ont donné lieu la question des filets.
Il est à tous les points de vue regrettable de pêcher
un excès, inutilisable par le fait de l'absence de
voies rapides de communication.

Quelques mots encore, pour terminer, sur la biologie de la sardine. Dans ce domaine, presque tout
encore reste à découvrir. D'où vient la sardine,

comment fraie-t-elle, comment se développe-t-elle, quelles sont ses mœurs? Malgré l'industrie dont ce poisson est l'objet, nous ignorons tout cela, et nous ne le saurons jamais qu'à la condition de ne pas écouter les assertions contradictoires des pêcheurs et d'entreprendre sur une vaste échelle de longues et laborieuses études, un ensemble d'observations vraiment scientifiques. Le fameux embryogéniste Coste, fondateur du laboratoire zoologique de Concarneau, avait projeté autrefois de fréter un navire spécial, dirigé par des naturalistes compétents, ayant pour mission de résoudre toutes ces questions. Il mourut trop tôt pour mettre son projet à exécution. L'un de ses successeurs, M. G. Pouchet, l'a repris en partie et, depuis quelques années, se livre à des recherches qui ne sont pas restées infructueuses. Autour de lui, il a provoqué parmi les marins et parmi les zoologistes, ses élèves, des investigations qui se continueront dans l'avenir. Étant donnés son zèle, sa persévérance, son grand talent d'observateur, nous attendons beaucoup de lui. Il est évident que l'industrie de la sardine bénéficiera de la connaissance de ses habitudes et des conditions qui sont propices à sa multiplication.

La sardine est un poisson très voisin, par son organisation, du hareng et de l'anchois, qui donnent lieu, comme elle, à de grandes pêches. Elle possède un petit museau pointu, de courtes nageoires dorsale et ventrale; son corps est recouvert de grandes écailles minces et transparentes, son dos est rectiligne et le ventre régulièrement courbé, brille généralement d'un très vif éclat. La sardine est éminemment sociable, vivant en grandes troupes; elle est pélagique, se plaisant en pleine mer, dans les eaux profondes du large où elle fraie vraisemblablement, puisqu'on ne la rencontre jamais toute jeune près des côtes. A certaines époques déterminées, lorsque les eaux superficielles commencent à tiédir sous l'action des chaleurs printanières, elle approche du littoral. Choisissant les baies tranquilles, elle y apparaît en nombre immense, par bandes serrées, qui se succèdent pendant tout l'été. L'une de ses particularités les plus remarquables est sa délicatesse, son extrême sensibilité; le moindre choc, le moindre froissement suffit pour la faire périr, aussi est-il impossible de la conserver vivante dans un aquarium.

On la considérait autrefois comme un poisson migrateur, se déplaçant parallèlement aux côtes, tantôt du sud au nord, tantôt dans le sens inverse, selon les saisons. Quelques pêcheurs professent encore cette croyance qui, cependant, est erronée. En réalité, les sardines viennent du large et, peut-être, après leur apparition estivale, y retournent-elles pour grandir et revenir plus tard, fortes et robustes, capables de supporter de plus basses températures.

On pêche, en effet, sur là fin de l'hiver, et durant les mois de printemps, une sardine dont la taille est double de celle d'été, ne le cédant guère à la taille du hareng. C'est la sardine dite *de dérive,* parce qu'elle se laisse prendre dans les filets de dérive tendus pour la pêche du maquereau. Elle est grasse, sa chair peu savoureuse; elle est adulte, ses flancs renferment des œufs mûrs pour la ponte. Par le fait de la forte quantité d'huile accumulée dans ses organes, elle ne peut se conserver que pressée et salée; on ne la prépare pas en boîtes, comme la petite sardine d'été ou *sardine de rogue.* Celle-ci mesure en moyenne de 10 à 12 centimètres; il n'est pas possible de déterminer exactement son âge puisqu'on n'a jamais assisté à son évolution, mais par analogie avec ce qui se passe chez les espèces voisines, on estime qu'elle est âgée d'environ une année. En tout cas, elle est loin d'être adulte, les observations faites à Concarneau sont positives sur ce point : jamais les ovaires de la sardine de rogue ne sont développés, elle ne vient donc pas auprès des côtes pour frayer, ainsi que l'affirment quelques auteurs. Elle n'y est pas non plus attirée par l'abondance de la nourriture, les animalcules qui constituent sa principale alimentation ne sont pas plus fréquents au moment du passage des sardines qu'à d'autres époques. Parfois, c'est le contraire qui est vrai. D'ailleurs,

la sardine est omnivore : elle mange tous les organismes qu'elle rencontre, animaux ou végétaux,
microscopiques pour la plupart. L'examen du contenu de son intestin démontre la présence au printemps de petits crustacés appartenant à des espèces
pélagiques; plus tard, en été, on y trouve des
débris d infusoires, de noctiluques, de péridiniens
et de végétaux inférieurs appartenant à des espèces côtières. Au surplus, la sardine de rogue paraît être normalement à jeun; son estomac est souvent vide de tout aliment.

Quant à l'influence possible des courants marins,
de la pression atmosphérique ou autres circonstances météorologiques, sur la venue de la sardine près des côtes, aucune relation de cause à
effet n'a pu être établie jusqu'ici. Nous devons
donc bien constater notre ignorance sur ce côté
essentiel de toutes les discussions futures relatives
à l'industrie de la sardine. On comprend dès lors
combien il importe à tous ceux qui s'y intéressent
de sortir d'un tel état de choses. Il s'agit de millions de francs, la France à elle seule a exporté en
1880 pour 29 millions de sardines à l'huile. Cette
considération, toute prosaïque, doit s'ajouter à celles purement scientifiques, qui nous font appeler
de vœux ardents de nouvelles et sérieuses recherches sur le mode de vivre d'un poisson dont l'abondance est un bienfait.

VIII.

DE L'INFLUENCE

DES

MILIEUX PHYSICO-CHIMIQUES

SUR LES ÊTRES VIVANTS

INFLUENCE DES DIFFÉRENTES ESPÈCES D'ALIMENTS SUR LE DÉVELOPPEMENT DE LA GRENOUILLE (RANA ESCULENTA).

> Les phénomènes de la vie, aussi bien que les phénomènes des corps bruts, nous présentent une double condition d'existence. Nous avons d'une part l'organisme dans lequel s'accomplissent les phénomènes vitaux, et d'autre part le milieu cosmique dans lequel les corps vivants trouvent les conditions indispensables pour la manifestation de leurs phénomènes. Les conditions de la vie ne sont ni dans l'organisme, ni dans le milieu extérieur, mais dans les deux à la fois . . . .
>
> . . Le zoologiste ne connaîtra les animaux que lorsqu'il expliquera et réglera les phénomènes de la vie...
>
> (CLAUDE BERNARD, *Introduction à l'étude de la médecine expérimentale.*)

Les sciences biologiques tendent toujours plus à devenir des sciences expérimentales, c'est-à-dire qu'elles ne se contentent plus de l'observation pure et simple des phénomènes naturels, mais qu'elles cherchent à provoquer la production de ces phénomènes, de manière à en bien établir les conditions d'existence et à en éclairer l'origine. S'il est vrai, comme le donnent à penser tous les résultats de la physiologie moderne, que la matière vivante ne diffère de la matière brute que par des placements moléculaires particuliers, permettant la manifestation de cette forme spéciale de la force générale de la nature, la vie, nous ne pouvons avoir aucun doute sur l'importance de l'application des procédés de la physique et de la chimie à son étude.

La nécessité de l'application de la méthode expérimentale, telle qu'elle a été définie en dernier lieu par Claude Bernard, dans son *Introduction à l'Étude de la médecine expérimentale*, s'impose aujourd'hui au biologiste aussi bien qu'au physicien et au chimiste.

Parmi les questions de premier ordre qui dominent, pour ainsi dire, toutes les idées que nous nous faisons sur la nature vivante, l'une des plus importantes est celle des relations qui existent entre les êtres vivants et le milieu physico-chimique dans lequel ils évoluent. Mesurer l'influence des différents éléments qui constituent ce milieu sur le développement normal ou anormal (1) des individus,

(1) Je fais allusion ici aux importantes recherches de M. Dareste sur la production expérimentale des monstruosités.

apprécier jusqu'à quel degré ces derniers peuvent varier dans leurs formes, leurs couleurs, leurs relations, leurs fonctions, etc., tel est un champ d'activité dans lequel on s'est trop borné jusqu'ici à des conjectures et dans lequel il est nécessaire d'instituer de nouvelles recherches méthodiques.

On a admis pendant longtemps, comme un axiome en zoologie et en botanique, la fixité et la permanence des formes spécifiques. Si l'on ne peut nier qu'en vertu des lois de l'hérédité, ces formes ont une tendance à se fixer dans des circonstances extérieures identiques, il faut bien reconnaître, d'autre part, que le fameux axiome est contestable aussitôt que les circonstances se modifient. Une quantité imposante de faits de toutes sortes, empruntés à la paléontologie et à l'embryogénie, ne trouvent leur explication que dans l'aptitude de la matière vivante à une variabilité de formes très étendue. Mais les faits d'observation auxquels je fais allusion ici sont surtout empruntés aux comparaisons morphologiques dans le développement individuel et le développement historique de certains types, plutôt qu'à la production expérimentale des variations. Quelques chercheurs, stimulés par les grandes vues de M. Darwin et de son école, ont fait, en ces dernières années, quelques fructueuses tentatives dans cette dernière direction. Il s'agit de les multiplier et de les étendre.

Quoique le rénovateur de la doctrine transformiste n'accorde qu'une importance secondaire aux conditions climatériques, il est certain que ces dernières jouent un rôle dans la production des formes animales et végétales. Délimiter ce rôle est, en grande partie, affaire de la méthode expérimentale. Il faut instituer des expériences, non pas seulement pour connaître le degré d'élasticité des individus, mais celui de l'espèce à laquelle ils appartiennent. « Il me semble évident, dit M. Darwin, que les êtres organisés doivent être exposés pendant plusieurs générations à de nouvelles conditions de vie, pour qu'il se manifeste chez eux une somme appréciable de variations, mais qu'aussitôt que l'organisation a une fois commencé à varier, elle reste généralement variable pendant de nombreuses générations (1). »

Les difficultés naissent de cette considération, car elle a pour conséquence de nécessiter la continuation des conditions expérimentales pendant un très grand nombre de générations et de les faire agir sur un grand nombre d'individus comparables, ce qui empêche de s'adresser aux êtres dont la fécondité est limitée et le mode de développement très lent.

D'autre part, le milieu physico-chimique est une

(1) Darwin, *Origine des espèces*, trad. de Clémence Royer, p. 15.

chose très complexe, qu'il est absolument nécessaire de décomposer dans ses éléments : température, lumière, pression, tension électrique, densité, alimentation, etc., afin de connaitre la part de chacun de ces agents sur les conditions vitales des organismes.

Il s'agit donc, dans les expériences que nous avons en vue, de tenir compte de ces nécessités :

1° Décomposer le milieu physico-chimique dans ses éléments ;

2° Faire agir ces éléments sur un certain nombre d'individus appartenant à des types différents et provenant d'une même parenté, afin qu'au début de l'expérience, ils apportent une même somme d'influences héréditaires ;

3° Continuer les conditions de l'expérience sur un certain nombre de générations, afin d'assurer la fixation des variations subies sous l'influence de ces conditions.

Choix des animaux. Il va sans dire que ce choix est appelé à varier selon les circonstances dans lesquelles se trouve l'expérimentateur. Tout animal est bon, pourvu qu'il se reproduise rapidement et abondamment et que les différences individuelles dans les caractères spécifiques ne soient pas normalement trop nombreuses, afin d'éviter les doutes dans l'appréciation des variations dues à la cause expérimentale. Il faut agir sur des espèces ayant un genre de vie différent, des espèces aquatiques et des espèces aériennes.

Il serait désirable, par exemple, d'étudier les variations causées par une même influence sur un *cœlentéré*, un *mollusque*, un *ver*, un *arthropode*, un *vertébré*. S'adresser en premier lieu aux animaux inférieurs, théoriquement plus aptes à la variation; la différenciation de leurs tissus et la division du travail physiologique n'étant pas encore établies, « car, dit Claude Bernard, chez tous les êtres vivants, le milieu intérieur, qui est un produit de l'organisme, conserve des rapports nécessaires d'échanges et d'équilibre avec le milieu cosmique extérieur, mais à mesure que l'organisme devient plus parfait, le milieu organique se spécifie et s'isole en quelque sorte de plus en plus du milieu ambiant (1). »

Il me semble aussi qu'il est nécessaire d'étudier isolément chaque influence sur un même type, un infusoire, par exemple; puis de profiter de la connaissance ainsi acquise pour faire agir les mêmes influences concurremment les unes avec les autres de manière à atteindre à un maximum d'effet.

Enfin, une condition, qui me paraît devoir être remplie, est d'agir sur les animaux dès l'âge le plus tendre, à partir de l'œuf pour les ovipares, de la

(1) Claude Bernard, loc. cit., p. 110.

naissance pour les vivipares ; car il est bien évident d'un côté que, pour atteindre à un résultat sensible, la cause efficiente doit agir le plus longtemps possible, et ensuite que les jeunes animaux sont plus impressionnables que ceux qui, ayant été soumis pendant toute leur jeunesse au même milieu que leurs parents, laissent le jeu entièrement libre à la force héréditaire.

C'est, en effet, pendant le développement qu'ont lieu les différenciations cellulaires. « Le développement, dit Beaunis, n'est qu'un mode perfectionné de l'accroissement et de la multiplication cellulaires, une déviation de l'ordre naturel qui voudrait que les éléments nouvellement formés ressemblassent aux éléments qui leur ont donné naissance. Quelle est la cause de cette déviation ? On peut *supposer* que la plus grande part en revient à l'influence des milieux extérieurs et aux modifications que l'organisme subit pour s'adapter à ces influences. Ces influences, se répétant incessamment sur des séries de générations successives, ont amené peu à peu des modifications persistantes héréditaires, telles que celles que nous observons actuellement, et ces modifications, une fois acquises, peuvent même avoir un remarquable caractère de fixité (1). »

C'est cette supposition, ainsi donnée dans un ou-

____

(1) Beaunis, *Éléments de physiologie*, p. 587.

vrage élémentaire, qu'il s'agit de transformer en
certitude expérimentale.

J'ajouterai même qu'on pourra, plus tard, comme
termes de comparaison et afin d'accentuer les données acquises sur les jeunes, établir une série d'expériences, dans lesquelles on placerait déjà les parents à l'époque de la maturation de leurs organes
génitaux sous l'influence des agents modificateurs.
On confirmerait ou l'on infirmerait de cette manière
une vue de M. Darwin qui, s'appuyant sur l'effet
remarquable de la réclusion et de la culture sur les
fonctions du système reproducteur, se déclare « très
disposé à admettre que les causes de variabilité les
plus fréquentes doivent être attribuées à ce que les
organes reproducteurs du mâle et e la femelle ont
été plus ou moins affectés avant l'acte de la con-
ception (1) ».

Du reste, en dehors de ce point de vue principal,
qui me paraît devoir dominer nos tentatives dans
l'étude de l'influence des milieux, il y a un grand
intérêt, au point de vue purement physiologique, à
connaître le rôle de ces agents physiques sur la durée du développement et les conséquences pratiques que cette connaissance pourra entraîner.

C'est pourquoi, en attendant de pouvoir étendre
ces recherches sur une plus grande échelle, j'ai

____

(1) Darwin, *Origine des espèces*, p. 16.

commencé, dans un travail antérieur, par étudier l'influence des lumières colorées sur le développement de quelques types d'animaux aquatiques (1), et qu'à présent je rends compte de l'influence de l'alimentation sur de jeunes animaux de même nature.

S'il est vrai que le milieu intérieur dans lequel évoluent les éléments histologiques, c'est-à-dire d'une manière générale, le sang, est le résultat suprême de la préparation des aliments, il s'ensuit naturellement que la variation de ces derniers entraînera des modifications dans sa composition qui pourront avoir une grande influence sur l'organisme tout entier.

On a déjà souvent et depuis longtemps constaté l'influence considérable exercée par le mode d'alimentation sur diverses fonctions (respiration, reproduction, etc.) chez les animaux. Toutefois, si cette influence a été nettement reconnue, on ne l'a pas mesurée dans ses éléments, et il manque à la science des résultats précis, obtenus dans des expériences comparatives, poursuivies avec toute la rigueur de la méthode scientifique.

Le mémoire actuel est le commencement d'une série de recherches sur ce sujet, que j'ai l'intention de poursuivre sur des animaux invertébrés et des mammifères.

(1) Voir plus haut le chapitre III.

Une difficulté qui se présente au début de ces expériences est d'opérer sur un matériel propice dont les éléments soient absolument comparables. Il est avantageux, comme nous l'avons dit, de s'adresser à des êtres dès l'âge le plus tendre, et à ce dernier point de vue, le mieux est d'opérer sur des œufs fraîchement fécondés. Ces considérations m'ont conduit à choisir, comme base, les œufs de la grenouille (*Rana esculenta*) qui, pondus en grande quantité, permettent d'opérer sur un nombre assez grand, pour établir les moyennes indispensables, et qui, pondus par une même mère et fécondés par un même père, sont égaux au point de vue de l'hérédité. Ces œufs, placés dès le premier jour dans les conditions expérimentales voulues, permettent là constatation de résultats comparables. On comprendra comment, la base étant une fois établie, on pourra appliquer les mêmes procédés à d'autres animaux.

Avant d'entrer dans l'exposé de mes propres recherches, je grouperai ici brièvement les données que possède actuellement la science sur l'alimentation.

F.-W. Edwards qui, le premier, a étudié expérimentalement l'influence des agents physiques sur les animaux (1), mentionne de la manière suivante,

(1) F.-W. Edwards, *De l'influence des agents physiques sur la vie*. Paris, 1824, p. 107.

sans fournir de données expérimentales, le rôle de l'alimentation sur les têtards de grenouille. « Le point qu'il importe le plus d'éclaircir est l'influence des agents physiques sur leur métamorphose. L'action de ces agents sur la forme des animaux est l'une des questions les plus curieuses de la physiologie. Une des conditions que l'on connaît le mieux (?) est la nécessité de l'alimentation pour le développement des formes. C'est pourquoi, lorsqu'on veut hâter la métamorphose des têtards, on a soin de mêler à l'eau dans laquelle on les garde de petites quantités de substances nutritives, et de renouveler ce liquide pour que la décomposition de ces matières ne leur devienne pas funeste. — On peut de même retarder leur développement en les gardant dans de l'eau qui ne contient pas une nourriture suffisante. » — Il est regrettable qu'un aussi bon observateur n'ait pas institué des expériences dans le but de mesurer cette influence de la nourriture sur le développement; il ne donne aucun chiffre à cet égard.

Je passerai sous silence les indications, souvent fantaisistes et contradictoires, auxquelles ont donné lieu les discussions entre végétariens et partisans du régime animal. Il est généralement admis, à l'heure qu'il est, que, pour l'homme et quelques animaux supérieurs, une alimentation mêlée, c'est-à-dire renfermant une égale proportion de substances *hydro-carbonées* ou *respiratoires* et de *substances azotées* ou *plastiques,* est la plus rationnelle. On sait que Magendie a, à différentes reprises, entrepris des expériences propres à déterminer les propriétés nutritives de certains aliments simples et, quoiqu'il ait opéré sur des animaux adultes, et sans porter son attention sur la rapidité du développement, je rappellerai qu'il a montré la nécessité de la présence de substances azotées pour l'entretien de la vie chez les chiens. Il soumit plusieurs de ces animaux à l'usage exclusif de sucre et d'eau distillée, de gomme, de beurre, d'huile, etc., et constata toujours l'apparition de troubles très graves amenant inévitablement la mort au bout de quelques semaines (1). — Il en fut à peu près de même pour un chien nourri, au contraire, exclusivement de fibrine, et qui succomba d'inanition au bout de deux mois (2). Cependant, ce dernier point semble sujet à caution, il est en contradiction avec une expérience de Bischoff, qui prétend avoir conservé en vie un chien, en ne lui donnant à manger que de la viande dépouillée de graisse (3). Nous verrons bientôt que

(1) Magendie, Mémoire sur les propriétés nutritives des substances qui ne contiennent pas d'azote. *Journal de médecine de Leroux,* 1817, t. XXXVIII,

. (2) Magendie, Rapport sur la gélatine. *C. R. de l'Académie des Sciences,* 1841, t. XIII, p. 272.

(3) Bischoff et C. Voit, *Die Gesetze der Ernächrung des Fleischfressers.* 1860.

dans nos recherches, nous avons réussi à faire développer des têtards jusqu'à l'état de jeunes grenouilles, en ne leur accordant que de l'albumine d'œuf de poule coagulée, substance qui, à elle seule, est insuffisante, selon M. Boussingault, pour entretenir la vie d'animaux supérieurs, tels que les canards (1). — Milne Edwards, résumant cette question dans ses *Leçons sur la physiologie et l'anatomie comparées,* dit « que, pour l'alimentation normale des animaux, il faut la réunion de trois sortes de substances : des matières organiques plastiques, des matières organiques essentiellement combustibles et des matières minérales, lesquelles se trouvent effectivement associées dans presque toutes les substances alimentaires telles que la nature nous les fournit (2). »

Spallanzani, Lavoisier et Séguin, Boussingault, Bidder et Schmidt, etc., ont étudié l'influence de l'alimentation sur la fonction respiratoire et ils sont arrivés à cette conclusion générale que la respiration s'accélère chez les animaux bien nourris et se ralentit au contraire chez ceux qui sont soumis à l'abstinence.

Voici, par exemple, pour fixer les idées, les

(1) Boussingault, E\périences statiques sur la digestion. *Annales de Chimie et de Physique,* 3ᵐᵉ série, t. XVIII. 1846.

(2) Milne Edwards, *Leçons sur la Physiologie et l'Anatomie comparées,* t. VIII, p. 151.

chiffres trouvés par les derniers de ces auteurs
(Bidder et Schmidt) en opérant sur un chat qui,
soumis à l'inanition, a vécu pendant dix-huit jours
en diminuant constamment la quantité d'acide
carbonique exhalé.

> Pendant les cinq premiers jours de l'état d'abs-
> tinence, la quantité produite en 24 heures
> était, terme moyen, de . . . . 45.07 gr.
>
> Pendant les cinq jours suivants . . . 37.76
>
> » la troisième période de cinq jours. 34.93
>
> Le seizième jour 30.75
>
> Le dix-septième jour. 27.97
>
> Le dix-huitième jour 22.12

M. Marchand a fait sur la grenouille — animal
qui nous intéresse plus particulièrement — des expériences analogues qui l'ont conduit aux mêmes
résultats.

Je rappelle ces faits, parce qu'ils permettent
d'entrevoir la voie, dans laquelle devront s'engager
les physiologistes qui voudront analyser d'une manière plus intime les résultats auxquels je suis parvenu. Les phénomènes de la nutrition sont extrêmement complexes et les produits de la respiration
sont des indices utiles à consulter pour leur interprétation. Il pourra devenir important, en suivant
la marche des auteurs que je viens de citer, de se
rendre compte de l'influence de divers aliments
sur la fonction respiratoire.

Quant à la valeur nutritive relative des divers aliments, elle a été étudiée avec des aliments complexes, au point de vue surtout de l'homme et des animaux domestiques. C'est M. Boussingault surtout qui a institué de vastes expériences sur ce sujet. Il a agi en particulier sur les animaux de ferme, le cheval et la vache, par exemple, et ses recherches l'avaient conduit à poser en principe que la puissance nutritive des végétaux dont se nourrissent les animaux, est proportionnelle à la quantité d'azote qui entre dans leur composition. Mais jusqu'ici, les recherches ultérieures de ce savant éminent et celles d'autres auteurs plus récents ne sont pas venues confirmer cette donnée principale. Ceci tient, comme je le disais tout à l'heure, à ce que la nutrition est un phénomène très compliqué, pour l'explication duquel il est nécessaire de s'adresser aux substances élémentaires. Carl Semper (1) a touché à la question qui nous occupe en étudiant les conditions d'existence des *Lymnaeus stagnalis*.

Selon l'éminent professeur de Würzbourg, deux catégories de causes peuvent agir sur la croissance :

1° « Celles qui sont directement utiles par leur présence et nuisibles par leur absence.

(1) Voy. C. Semper, *Ueber die Wachsthums-Bedingungen des Lymnaeus stagnalis* in *Arbeiten aus dem Zoologisch-Zootomischen Institut in Würzburg.* Band I, 1874, p. 137.

2° « Celles qui sont ordinairement nuisibles par leur présence, mais qui, dans certains cas, peuvent devenir indirectement utiles. »

Aux premières, il rattache la nourriture, l'air atmosphérique, la chaleur, la lumière, le-mouvement;

Aux secondes, les gaz nuisibles, tels que l'acide carbonique, etc.; les produits de sécrétion des animaux, les courants d'eau, l'influence des autres animaux, etc.

On voit que la nourriture est citée au premier rang des substances actives, mais le mémoire de M. Semper ne renferme pas de données numériques sur ce point. « Dans mes expériences, dit-il, l'influence de la nourriture était évitée par le fait que celle-ci était partout la même, et partout en quantité surabondante pour le nombre des animaux auxquels elle s'adressait. »

Mais le point important, mis en évidence par les recherches de M. Semper et duquel nous avons dû tenir compte dans notre travail, est l'influence très grande que joue la quantité d'eau attribuée à chaque individu Lymnée. Cette influence est tellement considérable, qu'elle fait penser à l'existence dans l'eau d'une substance active hypothétique, qui favoriserait le développement de ces animaux.

Nous rapporterons tout à l'heure une expérience qui tend à montrer que chez les têtards cette influence de la quantité proportionnelle d'eau accordée par individu est peu appréciable. Cependant, nous avons tenu compte dans la mesure du possible des données de M. Semper et nous avons fait en sorte que nos bocaux soient comparables entre eux.

M. Semper a trouvé que plus le nombre des individus Lymnées se partageant une même quantité d'eau était petit, plus ces individus devenaient gros dans un même temps. Voici, comme exemple, une de ses expériences typiques :

Le 9 août 1871, il plaça dans cinq vases, renfermant chacun 2,000 centimètres cubes d'eau et comme nourriture des *Elodea canadensis*, des quantités différentes de jeunes individus de *Lymneus stagnalis* provenant tous d'une même mère, et il les laissa respectivement 71 jours (jusqu'au 18 octobre). Pendant ce temps, ils se développèrent très inégalement, comme le montre le tableau suivant :

Dans le vase portant le n° 5 et renfermant 2 individus, ceux-ci mesuraient en moyenne 15 millim. de longueur.

Dans le vase portant le n° 1 et renfermant 5 individus, ceux-ci mesuraient en moyenne 11,4 millim. de longueur.

Dans le vase portant le n° 2 et renfermant 12 individus, ceux-ci mesuraient en moyenne 7,7 millim. de longueur.

Dans le vase portant le n° 3 et renfermant 30 individus, ceux-ci mesuraient en moyenne 5,0 millim. de longueur.

Dans le vase portant le n° 4 et renfermant 105 individus, ceux-ci mesuraient en moyenne 2,7 millim. de longueur.

Les différences sont, on le voit, très considérables et se répètent dans toutes les autres expériences, que M. Semper a beaucoup variées. Elles ont conduit leur auteur aux conclusions suivantes :

1° La croissance, c'est-à-dire l'assimilation des substances nutritives ne dépend pas seulement de la quantité et de la qualité de la nourriture, de la température, de l'oxygène de l'eau et de l'air, mais encore d'une matière contenue dans l'eau et jusqu'ici inconnue sans la présence de laquelle les autres conditions de croissance favorables ne peuvent pas exercer leur influence.

2° Que le maximum de l'influence du volume de l'eau provenant de cette cause inconnue se manifeste lorsque la quantité d'eau est de 2 à 4000 centimètres cubes par individu à la température moyenne de l'été.

Dans un travail récent, M. le Dr G. Born, de Breslau, a fait une série d'expériences en vue de connaître l'influence de la qualité de la nourriture sur la production des sexes (1). Nous emprunterons à

(1) G. **Born**, *Experimentelle Untersuchungen über die*

ce mémoire quelques données relatives au développement.

M. Born a opéré sur des œufs de *Rana fusca* fécondés artificiellement, dont il plaça de 3 à 500 exemplaires dans une série de 21 aquariums, dont les quatre premiers ne recevaient en fait de nourriture que des substances végétales, notamment des lentilles d'eau. Dans tous les autres, les têtards recevaient, outre la substance végétale, de la viande consistant en larves de grenouille et de Pelobates hachées, et le plus souvent en fragments de grenouille adulte, déjà un peu en décomposition. Ni l'un, ni l'autre de ces régimes n'était naturel, car selon M. Born, la nourriture première des jeunes batraciens serait de la fange, c'est-à-dire une accumulation d'infusoires, de rotifères, de diatomées, d'algues de toute espèce, qui se retrouvent dans l'estomac des têtards. L'auteur rappelle à ce propos que Leydig a trouvé des Pelobates bien développés dans un milieu où ils n'avaient pas d'autre nourriture qu'un limon ne contenant aucune plante visible à l'œil nu.

Cette sorte de nourriture mêlée manquait absolument (sauf un cas) dans les expériences de M. Born comme dans les miennes, et il a constaté que son absence retardait le développement de ses larves.

Entstehung der Geschlechtsunterschiede. Breslauer arztliche Zeitschrift, 1881.

C'est ainsi que pendant que les têtards se développant en liberté mesuraient en moyenne 18 millimètres, les siens n'en avaient que 12 à 15. L'excellence de ces détritus organiques, mêlés à la vase des marais comme nourriture, est confirmée encore par le fait que l'un des aquariums de M. Born ayant reçu accidentellement du limon, les têtards qu'il renfermait étaient plus grands de 2 à 3 millimètres que ceux des autres aquariums et se rapprochaient par conséquent des têtards se développant en liberté.

Les têtards soumis au régime végétal *restèrent plus petits* que ceux nourris avec la viande (10-11 millimètres), ce qui s'accorde avec mes résultats; mais, en outre, M. Born a obtenu, dit-il, quelques grenouilles adultes dans les aquariums avec plantes, quoique en plus petit nombre que dans les autres. Ce dernier fait serait en complète contradiction avec l'une des conclusions auxquelles j'ai été conduit, si l'expérience de M. Born était comparable avec les miennes. Il n'en est pas ainsi, car l'auteur du mémoire a soin de faire observer que ses larves végétariennes avaient la liberté de manger les cadavres de leurs frères morts dans le même vase, et comme la mortalité était assez grande, il en résulte que leur alimentation s'est trouvée par ce fait fortement mélangée. Il est certain que les têtards ont des tendances carnivores, et c'est une circonstance à laquelle j'ai donné beaucoup de soins que de veiller à enlever de mes bocaux, les têtards morts qui, sans cela, auraient troublé mes résultats.

Tels sont, à ma connaissance, les travaux ayant quelque analogie avec celui dont je donne ici la première partie, et qui a en vue surtout l'influence de la nourriture sur la rapidité du développement individuel.

Le 24 mars 1881, j'obtiens dans le laboratoire une ponte de grenouille, fécondée dans une grande caisse de zinc, où l'on tient les grenouilles destinées aux expériences physiologiques.

Les premières phases du développement se passent régulièrement. Le 27 ont lieu les premières éclosions, et le 1er avril commencent les expériences.

Les jeunes têtards frères, sortis de l'œuf, sont complètement isolés de la matière albuminoïde qui entoure leur œuf et dont ils se nourrissent pendant les premiers jours de leur vie, puis ils sont distribués en nombre égal dans une série de vases de même forme et renfermant le même volume d'eau. Ces vases sont exposés aux mêmes conditions physico-chimiques, la même intensité lumineuse, le même degré de température, etc. — L'eau y est changée régulièrement en même temps. — Une seule condition varie, la nourriture.

Le vase A renferme seulement des plantes aquatiques (*Anacharis canadensis* et *Spirogyras*), soigneusement lavées auparavant, de manière à en éloigner les débris organiques qui y adhèrent dans les marais.

Le vase B n'offre comme nourriture que de la viande de poisson : ce sont de jeunes Vérons (*Phoxinus*), coupés en morceaux et fréquemment renouvelés.

Le vase C contient de la viande de bœuf, également taillée en fragments de même grosseur que ceux de poisson du vase B.

Le vase D offre à ses hôtes dans la première partie de l'expérience, l'albumine enveloppant l'œuf de grenouille; cette substance que l'on peut appeler le *lait* des têtards a été continuée pendant un mois, jusqu'à ce qu'étant épuisée et ne pouvant plus être trouvée dans les marais des environs, on dut la remplacer par de l'albumine d'œuf de poule liquide. Ce n'est donc que pendant les quatre premières semaines que la comparaison de sa valeur nutritive avec les autres substances peut être établie.

Le vase E ne contient que de l'albumine de l'œuf de poule, coagulée et coupée en fragments nombreux, souvent renouvelés.

Le vase F enfin, renfermait du jaune d'œuf de poule, également fragmenté.

Je ne puis pour le moment donner les résultats obtenus avec d'autres aliments, tels que la gomme, le sucre, la graisse, etc. — Des accidents d'expérimentation ont laissé trop d'incertitude aux données de cette première série pour que je les publie avant confirmation.

Le nombre des têtards primitivement placés dans chaque vase était de cinquante, mais la mortalité ayant frappé différemment, l'inégalité du nombre survint dès les premiers jours, et on pouvait prévoir des différences dues à cette cause, en se basant sur les expériences de M. Semper. Il est certain *à priori* que, dans un espace restreint et en face d'une faible quantité de nourriture, un petit nombre d'individus vivront mieux qu'un grand nombre, et que pour eux la lutte pour l'existence sera facilitée, mais ces conditions de faible quantité de nourriture et des autres nécessités physiologiques n'existaient pas. Les têtards avaient une surabondance de nourriture à leur portée, la table était servie pour un beaucoup plus grand nombre. Quant à la substance hypothétique admise dans l'eau par M. Semper, comme favorisant le développement des Lymnées, elle ne paraît pas, si elle existe, avoir grande influence sur les têtards. Je me suis assuré de cela dans l'expérience suivante :

Deux vases G et H, absolument comparables sous tous les rapports aux vases mentionnés plus haut, reçurent, pendant tout le temps nécessaire au développement du têtard jusqu'à sa transformation en grenouille, exactement la même nourriture en égale quantité et également renouvelée. Seulement, le vase G ne reçut que 25 têtards, tandis que le vase H en reçut 100. — La quantité de matière vivante était donc dans les deux vases dans le rapport de 1 : 4 et ce rapport a été maintenu pendant toute la durée de l'expérience, en retirant un vivant dans un vase chaque fois qu'il mourait un individu dans l'autre. — Eh bien, dans ces conditions bien comparables, le développement des jeunes animaux s'opéra de la même manière dans les deux vases, et j'obtins leur transformation à peu près à la même époque, quoique le vase G ait montré sous ce rapport un petit avantage.

Cette expérience nous montre que dans les mêmes conditions de milieu, là où la nourriture est abondante, le développement s'effectue de la même manière.

Je n'ai donc pas tenu compte de la mortalité dans les vases et n'ai pas cru nécessaire de maintenir l'égalité du nombre des individus, ce qui, dans le cas de la mort de tous les têtards dans un vase, eût entraîné le vide dans tous les autres.

Nous avons donc six vases renfermant des têtards soumis aux mêmes circonstances, mais dont l'alimentation diffère; cette seule condition suffit pour provoquer de grandes différences dans le développement.

Ces différences se manifestèrent dès les premiers jours dans tous les bocaux. Elles ne devinrent très sensibles cependant que vers le quinzième jour.

Le degré relatif du développement a été mesuré au compas par les dimensions en longueur (de l'extrémité du museau à celle de la queue), et en largeur (à la hauteur des branchies), d'un certain nombre de têtards dans chaque vase. J'ai eu soin de choisir, pour établir les moyennes, les individus les plus différents, afin de tenir mieux compte des différences individuelles.

Voici les résultats obtenus :

Vase A. Pendant les premiers jours, les jeunes têtards se jetèrent avec avidité sur les plantes qui leur étaient offertes. Ils sont vifs, alertes et consomment beaucoup de nourriture. La santé est générale jusqu'au 20 avril, jour auquel il n'y a encore aucun mort. L'eau est renouvelée tous les jours, afin d'atténuer le développement des infusoires qui peuvent dans une certaine mesure influer sur les conditions de l'expérience.

Le 20 avril, les dimensions mesurées en millimètres étaient les suivantes :

Vase A (20 avril).

	Longueur.	Largeur.
	21^{mm}	5^{mm}
	14	3
	16	3,5
Total..........	51	11,5
Moyenne.......	17	3,8

A partir de ce jour, l'appétit semble diminuer, les têtards s'éloignent des plantes et montent à la surface. Le développement se ralentit. Les têtards sont toujours très vifs, un choc sur la table les met tous en mouvement. Il n'y a pas de morts jusqu'au 12 mai, époque à laquelle les dimensions sont :

Vase A (12 mai).

	Longueur.	Largeur.
	23.5	6
	15	3
	26.5	3.5
Total..........	55	12.5
Moyenne.......	18.33	4.16

La majorité est restée de petite taille et a fait peu de progrès depuis le 20 avril. Deux ou trois individus seulement atteignent au-dessus de 20 millimètres et le premier mesuré est le plus gros du vase, tandis que le second est apparemment le plus petit. Il n'y a donc en somme que très peu d'accroissement. Les têtards s'entretiennent, mais le régime végétal est insuffisant pour les faire grandir.

Le 13 mai, il y a deux morts. L'accroissement cesse tout à fait et la mortalité augmente de jour en jour.

Le 8 juin, il ne reste plus dans le vase que quatre têtards de même taille qu'au 12 mai, ils ont de la peine à se mouvoir. Aucun d'eux n'a pris les pattes postérieures. Ils ne mangent plus et ils se comportent à la manière de têtards livrés à l'inanition. Le dernier meurt le 4 juillet, sans qu'aucune métamorphose se soit accomplie. Il mesurait 17 millimètres.

Ces résultats négatifs ont été confirmés par une autre expérience faite sur 25 individus seulement, dont aucun n'est arrivé à la première métamorphose. Et ce qui prouve bien que cet arrêt de développement est dû au régime, c'est que si l'on accorde un peu de viande aux végétariens, alors qu'ils ont cessé de grandir avec les algues, ils reprennent aussitôt leur accroissement.

Vase B. Les têtards y sont placés le 1er avril, avec une abondance de nourriture pour laquelle ils se montrent très voraces. La viande de poisson leur est très avantageuse, elle est renouvelée tous les trois jours, non qu'elle soit gâtée au bout de ce temps, mais parce qu'il se développe à la surface des champignons qui troubleraient à la longue les résultats.

Le 20 avril, ils sont déjà gros, forts et robustes. Trois individus sont morts par accident au moment où l'on changeait l'eau. Les 47 restants mangent toujours avec avidité. Voici leurs dimensions à ce jour :

Vase B (20 avril).

	Longueur.	Largeur.
	30mm	7
	26	6
	31	6.75
Total.........	87	19.75
Moyenne......	29	6.58

On voit, par ces chiffres, que la différence de taille est considérable avec leurs frères nourris au régime végétal.

Le 12 mai, tous les têtards sont en bonne santé, ils grandissent beaucoup. Aucun d'eux ne possède les pattes postérieures, mais elles sont indiquées par une saillie chez plusieurs. Ils sont en général plus tachetés que les plus petits des autres vases.

Vase B (**12 mai**).

	Longueur.	Largeur.
	41^{mm}	9.50
	35	8
	38	8.75
Total.........	114	26.25
Moyenne......	38	8.78

Le 20 mai, un têtard montre les pattes postérieures. Cinq autres en font de même dans les quatre jours suivants. Sept individus sont morts.

Le 3 juin, un têtard prend les pattes, alors que trois individus du même vase n'en ont encore aucune. Ce fait donne une idée des différences individuelles. Huit têtards sont morts, étant sur le point de subir cette métamorphose.

Les transformations en jeunes grenouilles s'effectuent durant le mois de juin. On a disposé dans le vase un bloc de tuf, qui leur permet de venir respirer l'air en nature, mais à partir de la métamorphose

complète les animaux cessent de prendre la nourriture, et meurent au bout de quelques jours. Ils sont
conservés dans l'alcool. Le 1er juillet, la dernière
petite grenouille meurt.

Sur les 50 têtards nourris à la viande de poisson,
24 ont subi leurs métamorphoses complètes, à peu
près la proportion 1 : 2. Cette alimentation est donc
favorable. Je dois dire qu'on admet que dans la nature, la mortalité est beaucoup plus grande, et quoiqu'il ne soit pas possible de recueillir sur ce fait
des données statistiques, il est très probablement
exact, car dans nos vases les jeunes animaux sont
très soignés, à l'abri des dangers mécaniques, et sans
autres ennemis que les champignons qui, se développant sur leurs branchies, sont toujours cause de
la mort de quelques-uns. D'autre part, je dois noter
que les premières grenouilles apparaissent dans les
marais des environs seulement vers le milieu du
mois de juin.

Vase C. Les cinquante têtards placés dans ce vase
ne reçoivent que de la viande de bœuf (maigre), en
quantité approximativement égale à celle de la
viande de poisson dans le vase B et toujours surabondante pour le nombre des convives.

Le 20 avril, tous les têtards sont en vie et montrent toujours un grand appétit. Deux d'entre eux
sont bossus; la queue forme un angle avec l'axe lon-
gitudinal du dos, ils ne peuvent pas se mouvoir

aussi facilement que les autres. Leur difformité les empêche de décrire une ligne droite et leur rend difficile la recherche de la nourriture. Ils sont restés très petits.

Voici du reste les dimensions à ce jour :

Vase C (20 avril).

	Longueur.	Largeur.
	34	7.25
le plus petit....	25	5.50
	29	6
Total..........	88	18.75
Moyenne.......	29.33	6.25

Les deux bossus.

Longueur.	Largeur.
14	3
11	2.5

Les têtards de ce vase, beaucoup plus gros et mieux nourris, ont montré une résistance considérable à l'inanition, qu'il est intéressant de rapporter en comparaison avec celle offerte dans les mêmes circonstances par les végétariens.

Le 20 avril, trois têtards moyens furent pris dans les vases A et C et soumis à l'inanition dans une même quantité d'eau également renouvelée et aérée. Les trois têtards du vase A, nourris jusque-là avec des plantes, périrent les dixième, onzième et treizième jours qui suivirent leur privation de nourriture, tandis que ceux nourris à la viande de bœuf supportèrent l'inanition 47, 55 et 68 jours, montrant ainsi combien ils avaient accumulé davantage de réserve nutritive que les premiers.

Je rappellerai à ce propos que MM. Chossat, Boussingault, Letellier d'un côté, en opérant sur des tourterelles, et MM. Bidder et Schmidt, d'autre part, en opérant sur un chat, ont montré que pendant l'inanition ces animaux ne cessent pas de respirer et de consommer de leurs tissus, mais que les substances usées de cette manière et qui se retrouvent dans les différentes excrétions ne sont pas seulement fournies par la graisse accumulée dans l'organisme et par le sang, c'est-à-dire, par les matières constituant ce que Milne Edwards a appelé la *réserve nutritive,* mais aussi par les muscles et par toutes les autres parties vivantes de l'organisme (1). Et de fait les têtards dont il vient d'être question avaient beaucoup maigri et rapetissé.

Du 20 avril au 12 mai, j'enlève six morts.

Le 12 mai, les 41 survivants sont en bonne santé, ils sont devenus en somme plus gros que ceux nourris à la viande de poisson, mais la différence n'est pas grande. Les deux bossus n'ont augmenté que de 1 ou 2 millimètres, ils gisent au fond du vase et ne se meuvent que lorsqu'on les touche. Lorsqu'on en

(1) V. Milne Edwards. *Leçons...* etc.; t. VIII, p. 132 et suiv.

approche un morceau de viande, ils en mangent, mais ne savent pas y aller eux-mêmes.

Vase C (12 *mai*).

	Longueur.	Largeur.
	47mm	9mm
	41.5	9.50
	42	9
Total........	130	27.50
Moyenne.....	43.50	9.16

Le 18 mai, le premier têtard montre les pattes postérieures; les 20 et 21, le même phénomène se passe chez deux autres individus et les jours suivants, sur un grand nombre.

Le 20 mai, mort d'un des bossus.

Le 27 mai, les trois quarts de la population de ce bocal possèdent les pattes de derrière. Il y a eu 5 morts.

Le 1er juin, deux têtards ont pris dans la nuit les pattes antérieures.

Un seul sur la masse (outre le bossu survivant qui continue à donner de temps en temps quelques coups de queue, mais qui ne grossit pas) n'a pas encore les membres postérieurs.

Le 8 juin, un quart des têtards se sont transformés en grenouille, la queue se résorbe rapidement, mais plusieurs meurent avant de l'avoir perdue complètement. Les métamorphoses se continuent jusqu'au 24 juin. Le 28, tous les individus transformés sont morts. Un seul survit à ses frères, c'est le petit têtard tortueux qu'il n'est pas possible de mesurer, en ligne droite, il aurait à peu près 20 millimètres; on voit que son infirmité l'empêche dé grandir, il n'a aucun membre.

Ce vase m'a donné 33 petites grenouilles, en comptant, comme ayant dû se transformer, les trois individus prélevés pour l'expérience comparative citée plus haut. C'est, de tous les vases, celui dans lequel, grâce évidemment à la nourriture, les têtards se sont le plus rapidement développés.

Vase D. Nous avons dit que ce vase a reçu des têtards qu'on a essayé de nourrir avec la substance albuminoïde qui enveloppe l'œuf de la grenouille, et, qui, normalement, sert de nourriture première aux jeunes. Cette tentative n'a pas réussi, parce qu'après un mois il nous fut impossible de nous procurer cette matière. A partir du 1er mai, on fut donc obligé de varier les conditions de l'expérience et, afin de continuer une alimentation de même nature, on donna aux têtards de l'albumine d'œuf de poule liquide que l'on renouvelait souvent.

Pendant les premiers jours, les têtards consomment beaucoup de l'albumine de grenouille, mais peu à peu ils restent en arrière sur leurs frères nourris à la viande ou à l'albumine coagulée.

Le 20 avril, les têtards ne montrent pas beaucoup d'agilité, ils sont très lents dans leurs mouvements.

Ils se rapprochent beaucoup de leurs frères végé-. tariens. Voici leurs dimensions :

Vase D (20 avril).

	Longueur.	Largeur.
	19mm	4.25mm
	15.5	3.50
	18.5	4.50
Total..........	53	12.25
Moyenne......	17.66	4.08

Le 1er mai, on leur verse de l'albumine de poule, liquide, à laquelle ils viennent prendre de copieux repas. Malheureusement, quelques-uns pénètrent dans la masse albumineuse, s'y enchevêtrent et y meurent asphyxiés. J'en perds une dizaine de cette manière. Il est vrai qu'au contact de l'eau, l'albumine subit une demi-coagulation, qui protège le plus grand nombre contre un pareil accident. La faim des premiers jours ne dure pas, les têtards ne mangent plus que rarement, et l'on ne tarde pas à se convaincre que sous cette forme l'albumine n'est pas un aliment favorable.

Le 12 mai, les dimensions sont les suivantes :

Vase D (12 mai).

	Longueur.	Largeur.
	26mm	6mm
	19.5	4.5
	24	5.5
Total..........	69.5	16.0
Moyenne......	23.16	5.33

Il existe d'assez grandes différences individuelles : la majorité des têtards survivants (ils sont au nombre de 28) oscillent entre 22 et 26 millimètres. Trois ou quatre se rapprochent de 19.5^{mm}, longueur du plus petit du vase. Je laisse de côté cinq bossus, qui le sont devenus depuis le changement de nourriture et qui ne grandissent que très peu.

A partir du 12 mai jusqu'au 29 du même mois, la mortalité s'est montrée très grande dans le vase. L'albumine liquide ne suffit plus pour entretenir la nutrition. Le dernier têtard succombe le 29 mai : il mesure 28 millimètres de long et met fin de cette manière à l'expérience.

Vase E. Les têtards reçoivent de l'albumine d'œuf de poule coagulée par la chaleur. Elle leur est, donnée sous forme de lamelles, dont ils mordent irrégulièrement la tranche avec leurs lèvres. Cet aliment leur est profitable ; la plupart se développent au delà des premières métamorphoses.

Les morceaux d'albumine sont souvent renouvelés, afin d'éviter le développement de champignons à leur surface.

Le 20 avril, je n'ai eu que 4 morts, les autres paraissent très alertes. Leur taille tient le milieu entre les végétariens et ceux nourris de viande, mais se rapproche davantage de ces derniers.

Vase E (20 avril).

	Longueur.	Largeur.
	27.5^{mm}	6.^{mm}
	22	4
	28	5.75
Total.........	77.50	15.75
Moyenne.....	25.83	5.25

A partir de ce moment, ils ne croissent plus pro-portionnellement aussi vite que ceux nourris à la viande, et il se montre chez eux, pendant cette pé-riode, de singulières monstruosités qui se rapportent à des déviations de l'axe de la queue. Celle-ci pousse selon une ligne tortueuse et forme un angle plus ou moins accusé avec la ligne médiane du corps. Quelques-uns sont tellement estropiés, qu'il leur est impossible de se mouvoir; ils demeurent inertes jusqu'à ce qu'on les excite, et font alors quelques efforts pour se déplacer. Onze individus sont ainsi déformés et restent petits. Si on rapproche ce nom-bre de celui indiqué plus haut pour les têtards nourris à l'albumine liquide, il est naturel de sup-poser que la substance alimentaire n'est pas étran-gère à ces monstruosités. Je ne fais, du reste, qu'in-diquer le fait. Nos connaissances relatives aux causes physiques des cas tératologiques sont encore très restreintes; il y a là peut-être une direction à suivre pour de nouvelles études.

Le 12 mai, douze individus sont encore morts;

les vingt-trois survivants non estropiés paraissent
en bonne santé ; ils mesurent :

Vase E (12 mai).

	Longueur.	Largeur.
	34	6.50
	36	7.25
	29	6
Total..........	99	19.75
Moyenne.......	33	6.58

Le 23 mai, les pattes postérieures émergent sur
un individu, mais c'est un cas unique de précocité,
car ce n'est que six jours après que de nouvelles
métamorphoses se montrent. Il y a dans ce fait un
retard bien accusé sur les têtards nourris à la viande
qui, à cette époque, étaient déjà presque tous en
possession de ces membres.

Le 8 juin, des inégalités assez fortes existent entre les individus du vase. Aujourd'hui seulement,
un jeune têtard apparaît portant ses quatre pattes.
Sur les 18 autres survivants, 10 ont les pattes postérieures, et 8, parmi lesquels 6 bossus, ne les possèdent pas encore.

Le 16 juin, deuxième petite grenouille.

Les jours suivants, il se fait encore 8 métamorphoses complètes.

Le 30 juin, il ne reste que des bossus sans membres.

Le nombre total des jeunes grenouilles obtenues

a été de 10, — un cinquième du nombre primitif. —
Le fait d'avoir obtenu la transformation et le développement complet de plusieurs têtards uniquement
alimentés d'albumine me paraît intéressant,
car il atténue, pour ces animaux, la portée de la loi
sur le mélange nécessaire des aliments plastiques
et respiratoires, que je rappelais au commencement de ce chapitre.

Vase F. Les têtards de ce vase sont nourris avec
le jaune coagulé de l'œuf de poule. Cette substance,
beaucoup plus complexe que le blanc, renferme,
comme on le sait, une assez forte proportion de
graisse, et, sous ce rapport, il était intéressant de
la comparer avec le blanc. Or, elle nous a donné ce
résultat inattendu qu'elle nourrit les têtards moins
que le blanc et qu'elle retarde un peu leur développement. Les jeunes animaux en mangent cependant sans répugnance. On les surprend fréquemment en train de dévorer les fragments, en les
attaquant par leurs tranches.

Voici leurs dimensions au 20 avril :

Vase F (20 avril).

	Longueur.	Largeur.
	24	5
	20	4
	22.5	4.5
Total............	66.50	13.50
Moyenne........	22.16	4.50

'Il se produit aussi dans ce vase, comme dans le précédent, un certain nombre de monstres, tordus et bossus. Au 20 avril, il y a 7 morts et 5 déformés. Les autres continuent à manger. Toutefois, la mortalité devient assez grande, et l'on peut se convaincre déjà, à l'œil nu, que plus on avance et plus le jaune d'œuf se montre inférieur au blanc. C'est ainsi qu'au 12 mai les dimensions sont :

Vase F (12 mai).

	Longueur.	Largeur.
	24	5.5
	25	5.5
	29	6.5
Total..........	78	17.5
Moyenne.......	26	5.83

Les bossus ne s'accroissent que très peu, comme dans les cas déjà cités.

Le 8 juin, alors que parmi les têtards nourris au blanc d'œuf, dix ont déjà les pattes postérieures, et que l'un d'eux a même celles de devant, les premiers de ces membres apparaissent chez un individu nourri au jaune. Il est vrai qu'il est bientôt suivi d'autres dans le même cas.

Le 24 juin, j'obtiens la première grenouille.

. La mortalité a beaucoup frappé ces derniers jours. Le 30 juin, il n'y a eu que 7 métamorphoses complètes, tout le reste est mort.

Résumé général. La première série d'expériences dont je viens de fournir les éléments essentiels nous conduit à conclure :

1° Que les têtards de grenouille issus d'une même ponte se développent d'une manière très-différente selon l'espèce de nourriture qu'on leur accorde ;

2° Que les aliments dont il est question ici avantagent l'évolution individuelle dans l'ordre suivant : viande de bœuf, viande de poisson, albumine d'œuf de poule coagulée, jaune d'œuf de poule, substance albuminoïde de l'œuf de grenouille et albumine liquide de l'œuf de poule, substances végétales (algues).

Ce fait ressortira plus clairement des tableaux comparatifs suivants, où nous grouperons les moyennes indiquées plus haut isolément pour chaque vase.

TABLEAU I.

Dimensions moyennes en millimètres des têtards dans les différents vases, vingt jours après le commencement de l'expérience.

	Vase A.	Vase B.	Vase C.	Vase D.	Vase E.	Vase F.
Longueur......	17	29	29.33	17.66	25.83	22.16
Largeur.......	3.8	6.58	6.25	4.08	5.25	4.50

TABLEAU II.

Dimensions au 12 mai, 42 jours après le commencement de l'expérience.

	Vase A.	Vase B.	Vase C.	Vase D.	Vase E.	Vase F
Longueur......	18.33	38.0	43.50	23.16	33	26
Largeur.......	4.16	8.78	9.16	5.33	6.58	5.83

TABLEAU III.

Nombre relatif des jeunes grenouilles obtenues au 30 juin sur les 50 têtards placés dans chaque vase.

	Nombre.	Proportion.
Vase A	0	0
Vase B	24	$1/3$
Vase C	33	$2/3$
Vase D	0	0
Vase E	10	$1/3$
Vase F	7	$1/7$

TABLEAU IV.

Les vases peuvent se ranger dans l'ordre suivant, sous le rapport de la rapidité du développement, en tenant compte de la date à laquelle s'est montrée la première grenouille :

Vase C	le 1er juin	2 grenouilles.
Vase B	le 3 juin	1 »
Vase E	le 8 juin	1 »
Vase F	le 24 juin	1 »

Ce dernier tableau n'est pas à lui seul très significatif, si l'on tient compte des grandes différences individuelles mentionnées plus haut.

3° Que le régime purement végétal est insuffisant pour transformer le têtard en grenouille;

4° Que, contrairement à ce qui est admis ordinairement, une substance relativement simple et essentiellement plastique, telle que l'albumine d'œuf de poule, suffit au développement du têtard.

INFLUENCE DE LA QUALITÉ DES ALIMENTS
SUR LA PRODUCTION DU SEXE.

Dans le travail, cité plus haut, de M. le Dr Born de Breslau, l'auteur a surtout porté son attention sur la proportion des sexes dans les différentes conditions où il avait placé les petits têtards. Il trouva que, parmi ceux qui subissaient toutes leurs métamorphoses sous l'influence d'une alimentation plus spéciflée, le sexe féminin se trouvait en prédominance. Dans l'ensemble de ses aquariums, sur 1,443 têtards métamorphosés et examinés, 95 % étaient femelles et 5 % mâles. Dans quelques-uns de ses aquariums, la porportion des femelles était même de 100 %. M. Born attribue ces résultats étonnants au fait de l'absence chez ses animaux d'une nourriture mêlée, telle que celle que leur présentent dans la nature les agglomérations des détritus organiques qui constituent la vase ou le limon des marais, et il appuie cette supposition sur l'observation d'un certain aquarium dont nous avons déjà parlé et qui, ayant reçu accidentellement de la vase, fournit une proportion de 28 % de mâles, tous bien reconnaissables et de plus forte taille que les autres. D'autre part, M. Born a constaté que, normalement dans la nature, le nombre des mâles, chez les jeunes, égale le nombre des femelles.

Ces singuliers résultats ont naturellement attiré mon attention sur un point aussi important, et, quoique mes expériences aient porté sur un nombre beaucoup moins considérable d'individus, il ne sera pas inutile de rapporter ce que j'ai constaté à cet égard.

Pour reconnaitre le sexe sur de si jeunes animaux, M. Born s'est contenté, dans la plupart des cas, de détacher les reins et avec eux les organes génitaux de la paroi postérieure du corps, puis de les examiner sous le microscope à la lumière directe. Selon lui, on peut souvent atteindre de cette manière le but qu'on poursuit, car, « l'ovaire est plus grand que le testicule, sa longueur est plus de la moitié de la longueur du rein, de même que la largeur. Son extrémité émoussée va au delà des reins en avant. Les contours sont irrégulièrement frangés et la superficie est couverte de taches rondes transparentes, séparées par des lignes blanches. Quant aux testicules, ils sont cinq ou six fois plus courts, étroits, ovalaires, comprimés latéralement, à contours nettement arrondis, un peu pointus vers le pôle aboral. A leur surface, on remarque des taches blanches, ovalaires, entassées l'une sur l'autre. Sous le microscope, ces taches se montrent remplies de spermatogones. »

On voit, par cette description, que l'examen de la forme et de l'apparence extérieure peut laisser l'observateur dans le doute. Les deux organes étant tous les deux bosselés de proéminences, de forme semblable, la détermination est difficile; et, afin d'atteindre à une plus grande certitude, j'ai pratiqué des coupes à la hauteur des organes génitaux de mes jeunes grenouilles. Après les avoir colorées entièrement au picro-carminate d'ammoniaque, je les plaçai dans la paraffine (1). Sur les coupes fines (M. Born en a pratiqué également un grand nombre), la détermination de ce qui est œufs, ou ce qui est cellules spermatiques, est ordinairement plus sûre; elle n'est toutefois pas certaine dans tous les cas. En opérant de cette manière, j'ai trouvé dans tous mes bocaux une majorité de femelles, quoique leur proportion vis-à-vis des mâles soit moins forte que dans les expériences de M. Born.

On trouvera les chiffres obtenus dans le tableau qui est sur la page suivante.

Enfin, dans un vase mixte dont il n'a pas été question dans le cours de ce travail, et dans lequel 38 têtards étaient nourris simultanément de viande

______

(1) Je signalerai, à ce propos, l'avantage qu'il y a à se servir dans ce cas particulier, comme dans beaucoup d'autres, de l'essence de girofle à la place de l'essence de térébenthine, avant l'inclusion dans la paraffine. La térébenthine ratatine beaucoup les tissus.

	Nombre total des jeunes grenouilles observées.	♂	♀	Douteux	Perte.	Proportion sur 100 des femelles.
Vase B..	24	4	17	2	1	70 %
Vase C..	33	6	25	2	—	75 %
Vase E..	10	3	7	—	1	70 %
Vase F..	7	0	5	2	—	71 % (?)

et d'algues, et même de blanc d'œuf coagulé, sans qu'il renfermât de la vase, le nombre des femelles a été de 30, et celui des mâles de 6 seulement. Deux des jeunes grenouilles n'ont pas pu être déterminées.

Il ne faudrait pas accorder aux chiffres qui précèdent une valeur exagérée. Le nombre des individus soumis à l'expérience est évidemment trop petit. Toutefois, lorsqu'on les rapproche de ceux donnés par M. Born, ils prennent une signification. Ils paraissent en particulier démontrer que la qualité des espèces alimentaires que j'ai expérimentées ne joue pas de rôle distinct sur le sexe, puisque le jaune d'œuf produit une moyenne analogue à celle produite par la viande de bœuf. — Il sera intéressant de multiplier ces recherches en les étendant à d'autres aliments (graisses, sucres, etc.), car la viande de bœuf, la viande de poisson, le blanc et

le jaune d'œuf sont assez voisins. — Pour le moment, il paraît donc confirmé qu'une nourriture
spéciale, accordé eaux jeunes têtards dès leur sortie
de l'œuf, favorise chez eux le développement d'une
glande génitale femelle.

INFLUENCE DU NOMBRE DES INDIVIDUS

CONTENUS DANS UN MÊME VASE

SUR LE DÉVELOPPEMENT DES LARVES DE GRENOUILLE.

Dans les expériences relatives à l'influence des
variations du milieu physico-chimique sur le développement des animaux aquatiques, que je poursuis depuis plusieurs années, j'ai eu bien des fois
l'occasion de constater combien il était nécessaire
de ne comparer entre eux que des individus placés
en nombre égal dans un même volume d'eau, contenue dans des vases de même forme. C'est là, en
effet, l'origine des désaccords fréquemment constatés dans les résultats expérimentaux. On ne saurait jamais trop égaliser toutes les conditions dans
lesquelles se font des expériences comparatives.

Si, au début de l'expérience, le nombre des individus est le même dans tous les vases, la mortalité frappant à des degrés divers dans les différents

vases, cette égalité ne se maintient pas longtemps.
C'est pourquoi on est obligé de s'adresser tout de
suite à un nombre suffisant d'individus, pour pouvoir, sans faire cesser l'expérience, maintenir l'é-
galité en enlevant des individus dans les vases
épargnés par la mort, jusqu'à ce que leur nombre
soit le même que celui des individus dans le vase
qu'elle frappe le plus.

Dans ses recherches sur la croissance des *Lym-
næus stagnalis*, Carl Semper (1) avait déjà noté l'influence qu'exerce, sur la rapidité d'accroissement,
la quantité d'eau attribuée à chaque individu Lymnée, influence si grande, que l'éminent professeur
de Würzbourg avait cru devoir recourir à une hypothèse pour l'expliquer. Il suppose, avons-nous
dit, qu'il existe dans l'eau une substance active, encore inconnue, qui favoriserait le développement
des animaux. Mentionnant ce fait dans mon Mémoire relatif à l'influence des différentes qualités
d'aliments sur le développement de la grenouille,
j'ai cité une seule expérience dans laquelle, com-
parant deux vases, dont — toutes choses égales
d'ailleurs — l'un renfermait 25 têtards et l'autre
100, je n'avais pas constaté de différence bien sensible dans la durée de leur développement, et je

(1) C. Semper, *Ueber die Wachsthums-Bedingungen des
Lymneus stagnalis. Arbeiten aus dem. Zool.-zool. Institut
zu Wurzbourg,* 1874, t. I.

me suis autorisé de ce résultat pour négliger de faire disparaître les petites inégalités dans le nombre des têtards de tous les autres vases.

Je ne pense pas encore aujourd'hui que ces différences légères puissent infirmer les conclusions générales auxquelles je suis arrivé, et les variations de croissance que j'ai signalées sont bien dues à la qualité de la nourriture que recevaient les têtards. Toutefois, ainsi qu'on va en juger, les différences ne sont pas tout à fait minimes, aussitôt que les rapports entre le nombre des individus atteint un certain chiffre ; il faudra donc en tenir compte dans les expériences ultérieures.

Voici comment j'ai opéré :

Je plaçai le 29 mars de tout jeunes têtards frères, qui venaient d'éclore dans un bassin du laboratoire, dans deux vases renfermant chacun 4 litres d'eau, qui fut renouvelée tous les jours ou tous les deux jours pendant la durée de l'expérience.

Toutes les conditions physiques étaient identiques dans les deux vases. On eut soin, en particulier, de maintenir dans chacun d'eux une même qualité de nourriture, dont la quantité était d'ailleurs toujours en surabondance. Seulement, le nombre des individus étant 4 dans le vase A, il fut porté à 8 dans le vase B. (Au début de l'expérience il y avait 25 individus en A, et 200 individus en B. A la fin, la mortalité ayant frappé le vase B surtout, auquel on égalisa toujours le vase A, il ne restait que 13 têtards en A et 104 en B.)

Les mensurations faites, chaque semaine, de la longueur et de la largeur des têtards, dans les deux vases, permirent de constater, dès le premier mois, une différence dans la croissance des têtards. Ceux du vase B demeuraient plus petits que ceux du vase A, et cette différence s'accentua toujours plus, à mesure que les jeunes s'approchaient de leur métamorphose finale. J'ajouterai que les chiffres en millimètres (qu'il me semble superflu de rapporter ici) indiquent d'ailleurs la régularité de la croissance dans les deux vases. J'indiquerai seulement les époques des transformations.

Le 17 mai, apparition des pattes postérieures dans le vase A.

Le 14 juin, seulement, apparition des pattes postérieures dans le vase B, alors que la plupart des têtards du vase A ont déjà leurs deux paires de pattes.

Le 1er juin, apparition des pattes antérieures dans le vase A.

Le 28 juin, apparition des pattes antérieures dans le vase B, alors que trois petites grenouilles complètement transformées s'ébattent déjà dans le vase A.

Enfin, la première petite grenouille apparaît le 25 juin dans le vase A, et le dernier individu transformé l'a été le 17 juillet; tandis que dans le vase B les têtards n'eurent résorbé leur queue et ne sortirent de l'eau complètement transformés qu'à partir du 18 juillet. Le 30 août, époque à laquelle l'expérience fut interrompue, 4 survivants possédaient encore leur queue.

J'ai fait, de la même manière, trois autres séries d'expériences, disposées comme la précédente et dont les résultats ont été les mêmes. La moyenne des quatre expériences, dans lesquelles le nombre des têtards dans chaque vase était dans le rapport de 1 à 8, a été une différence de 19 jours dans l'apparition des jeunes grenouilles.

D'ailleurs, j'ai trouvé que lorsqu'on augmente la différence du nombre, qu'on le fait par exemple de 1 à 16 (25 : 100), le retard de croissance s'accentue. C'est ainsi que cette année, j'ai obtenu, dans 4 litres d'eau, des grenouilles dans un vase C renfermant 25 têtards, dès le 8me jour, tandis que dans un vase D, contenant 400 têtards, les premières grenouilles ne se montrèrent qu'à partir du 117me jour.

On voit que ce ne sont pas là des quantités négligeables; il est vrai que, si on opère sur un très petit nombre de têtards, de 2,8 ou 16, par exemple, les différences ne sont pas aussi sensibles. En somme, cependant, nous pouvons conclure : que la durée du développement des larves de grenouilles est d'autant plus longue que leur nombre est plus grand dans une même quantité d'eau, la nourriture étant d'ailleurs en surabondance.

INFLUENCE DE LA FORME DU VASE SUR LE DÉVELOPPEMENT DES LARVES DE GRENOUILLES.

L'hypothèse de Semper, rappelée plus haut, de l'existence dans l'eau ordinaire d'une substance encore inconnue qui pourrait accélérer la croissance des animaux qui y vivent, me paraît inutile pour expliquer les faits qu'il apporte.

Si on place un même nombre de têtards dans une même quantité d'eau, ils s'y développent inégalement vite lorsque les vases n'ont pas la même surface d'aération.

J'ai fait usage de trois vases cylindriques renfermant chacun un litre d'eau, renouvelée chaque jour.

Le vase A mesurait $0^m,07$ de diamètre et l'eau s'y élevait à $0^m,30$.

Le vase B avait un diamètre de $0^m,11$, et la hauteur de la colonne liquide y était de $0^m,13$.

Le vase C avait un diamètre de $0^m,15$ et l'eau s'y élevait à $0^m,065$.

25 têtards frères, fraîchement éclos (ponte du

27 mars), furent placés dans chacun de ces vases le 1er avril. Ils y reçurent la même qualité de nourriture en surabondance et se développèrent inégalement.

Dès le premier mois, la moyenne des dimensions des têtards du vase C était plus grande que celle des têtards du vase A, et ces différences se maintinrent en s'accentuant jusqu'à l'époque des transformations.

Voici, pour en donner une idée, quelques chiffres obtenus le 15 mai :

	Vase A.		Vase B.		Vase C.	
	Longueur.	Largeur	Longueur.	Largeur.	Longueur.	Largeur.
	30mm	6,5	34mm	8	36mm	8
	26	6	33	7,5	38	8,5
	24	6	37	8	44	9
	29	6,5	31	7,5	42	9
	22	5,75	36	8	46	9,5
Total..	131	30,75	171	39,0	206	44,0
Moyenne	26,2	6,15	34,2	7,7	41,2	8,8

Les phases évolutives eurent lieu en conservant toujours à peu près ces mêmes relations.

La première petite grenouille complètement transformée apparut dans le vase C le 18 juin, et les transformations se continuèrent dans ce vase jusqu'au 1 juillet.

La première grenouille se montra dans le vase B, le 29 juin et la dernière le 22 juillet.

La première grenouille du vase A apparut le 4

aoùt seulement, et à la fin d'août, au moment où l'expérience fut interrompue, il y avait encore dans ce vase, 2 têtards non encore transformés. Il faut ajouter que la mortalité a été plus grande dans le vase A que dans les autres et qu'au 1er juin, il ne restait plus dans chaque vase que 10 têtards. Le vase A en ayant perdu 15, on retirait, au fur et à mesure, des individus dans les autres vases, afin de maintenir l'égalité du nombre.

Cette expérience a été répétée trois fois, les résultats furent semblables. Il en résulte qu'en moyenne les grenouilles complètement transformées précèdent d'un peu plus d'un mois, dans le vase à large surface d'aération, celles qui se développent dans le vase le plus étroit.

La moyenne de la durée totale du développement des larves étant de 3 mois dans le vase C, elle est de 4 1/2 mois dans le vase A.

Il est bien évident que, dans ces expériences, les inégalités ne sont pas dues à la consommation d'une substance inconnue renfermée dans l'eau, puisque chaque larve disposait d'une même quantité d'eau dans chaque vase ; elle a sans doute pour cause (pour une forte part du moins) la plus grande quantité d'air qui est à la portée de chaque têtard à la surface des vases les plus largement ouverts.

Mais il faudra probablement aussi tenir compte, dans l'interprétation définitive des résultats, du fait que la nourriture étant placée au fond de chaque vase, les habitants de ceux-ci sont partiellement soumis à une pression plus forte dans le vase A, dont la hauteur de la colonne liquide est environ cinq fois plus grande que dans le vase C, et y ont également un plus long chemin vertical à parcourir, de leur prise d'air à leur prise d'aliments solides.

Les expériences que je poursuis sur l'influence de la pression sur le développement ne sont pas encore suffisamment avancées pour me permettre de dire dans quel sens cet élément a pu influer sur le résultat.

INFLUENCE DU MODE D'ALIMENTATION DES TÉTARDS SUR LA SEXUALITÉ DES GRENOUILLES.

J'ai déjà consigné plus haut les singuliers résultats que l'on obtient au point de vue de la sexualité en nourrissant des têtards, non pas avec des aliments mixtes, tels qu'ils en rencontrent dans la vase des marais où ils vivent ordinairement, mais triés et choisis d'une manière spéciale, ainsi qu'il a été relaté dans mon chapitre sur l'influence de la qualité des aliments. (Voir ci-dessus page 222.)

On peut aujourd'hui obtenir à volonté d'une même ponte de grenouille des individus mâles et femelles en proportion à peu près égale ou bien des individus femelles en proportion beaucoup plus grande que les individus mâles. Il suffit, dans le premier cas, d'élever les têtards dans les conditions que leur offre la nature ; dans le second, au contraire, il faut les placer à portée d'un excès de nourriture, leur donner à manger des aliments plus réconfortants, de la viande en surabondance, ou même de la viande exclusivement.

Une troisième alternative, celle dans laquelle on désirerait obtenir une surabondance de mâles, n'est pas encore à notre portée. Du moins, les tentatives faites dans cette direction n'ont pas donné des résultats suffisamment probants.

On a beaucoup discuté *a priori* sur l'origine des sexes. Quelques auteurs ont aussi abordé la question expérimentalement. Je ferai l'historique complet de cet important problème dans un mémoire ultérieur, lorsque je pourrai l'envisager dans son ensemble. Ce problème n'est pas aussi simple qu'il le paraît au premier abord. Il semble même dans l'état actuel de nos connaissances qu'il serait plus juste de parler *des causes* que *de la cause* de la sexualité. Il est possible, en effet, que tout en étant soumise à une influence générale dans toute la série des animaux, la sexualité subisse dans certains groupes des influences spéciales en harmonie avec les conditions d'existence de ces groupes. C'est ainsi que depuis les observations de Dzierzon, Siebold, Leuckart, Berlepsch, etc., nous savons que la fécondation ou la non-fécondation de l'œuf joue un rôle fondamental dans la sexualité des abeilles, les œufs non fécondés donnant toujours naissance à des individus mâles; mais nous savons en même temps que les œufs fécondés ne donnent naissance à des femelles fécondes qu'à la condition que les larves qui en sont issues soient abondamment nourries, ce qui n'est le cas que du très petit nombre. Influence de la fécondation, influence de la nutrition.

D'autre part, dans le mémoire très remarqué de M. le prof. Thury sur la *Loi de production des sexes*, ce savant attribue la sexualité de l'œuf à son degré de maturité au moment de la fécondation. « L'œuf incomplètement développé, dit-il, s'il reçoit la fécondation, donne une femelle; l'œuf parfaitement mûr s'il est fécondé donne un mâle. Chez les Gallinacés, où la ponte est modérée, les derniers œufs qui se détachent de l'ovaire sont les plus mûrs et donnent des mâles. » Les conclusions de M. Thury reposent surtout sur des observations faites anciennement sur les plantes, et plus récemment sur des Vertébrés supérieurs. Il incline à admettre que, chez ces êtres, le moment décisif pour la sexualité précède la fécondation.

Enfin dans ces dernières années, M. le D⟨r⟩ G. Born à Breslau publia le résultat d'une expérience que nous allons résumer, à cause de son importance.

Des œufs, comparables entre eux, de la *Rana fusca* furent placés, au nombre de 300 à 500, dans une série de 21 aquariums et exposés à différentes conditions d'alimentation.

Les quatorze premiers aquariums furent placés à l'ombre sur une fenêtre; les sept autres, au jardin, recevaient du soleil pendant une partie de la journée.

L'aquarium n° VI était chauffé au bain-marie, à une température de 20° C (température constante). Les larves s'y développèrent, comme on pouvait s'y attendre, plus rapidement et s'y transformèrent les premières en grenouilles.

Quant à la nourriture, les larves reçurent une alimentation végétale (lentilles d'eau). Dans tous les autres vases, elles reçurent, en outre, de la nourriture animale consistant en larves de grenouilles et de Pelobates hachées, et le plus souvent, en fragments de chair de grenouille adulte, déjà un peu décomposée.

L'auteur insiste sur ce fait important que ni l'un, ni l'autre de ces régimes n'était tout à fait naturel, attendu que, dans la nature, l'alimentation des jeunes têtards consiste dans la vase qui constitue le fond des marais, c'est-à-dire une agglomération d'infusoires, de rotifères, d'algues, etc., qui se retrouvent ordinairement dans l'intestin des têtards.

Cette sorte de nourriture mêlée manquait dans les expériences de M. Born.

Dans ces circonstances, les larves se sont développées moins rapidement qu'en liberté.

Une fois le développement terminé, les jeunes grenouilles ont pris leurs quatre membres et perdu leur queue, elles étaient tuées et conservées dans l'alcool ; puis on examina leurs organes génitaux. Pour cela, après avoir fendu la cavité abdominale et soulevé l'intestin, M. Born détachait avec des pinces les reins et avec eux les glandes génitales, puis les examinait sous le microscope, à la lumière directe.

La détermination n'est pas toujours facile. Voici, d'après le naturaliste de Breslau, les caractères distinctifs des mâles et des femelles :

L'ovaire est plus grand que le testicule, sa longueur est plus de la moitié de la longueur du rein, de même pour sa largeur ; son extrémité émoussée va au delà des reins en avant ; les contours en sont irrégulièrement frangés ; mais la marque principale, c'est que la superficie de la glande est couverte de taches rondes, transparentes, séparées par des lignes blanches et que M. Born compare à des taches d'eau (*Wasserflecken*). Au centre de ces taches, on aperçoit un petit point blanc (le nucléus).

Quant aux testicules, ils sont cinq ou six fois plus courts, étroits, ovalaires, comprimés latéralement, à contours nettement arrondis, un peu pointus vers le pôle aboral. A leur surface, on aperçoit des taches blanches, ovalaires, entassées l'une près de l'autre. Sous le microscope, ces taches se montrent remplies de spermatogones.

Il se présente souvent des cas où, malgré ces caractères, la détermination n'est pas facile. Il faut alors recourir à la méthode des coupes.

- En opérant ainsi, M. Born est arrivé à dresser le tableau comparatif de chacun de ses vases, duquel il résulte que, par une alimentation artificielle, on multiplie considérablement le nombre des individus femelles.

« Ce résultat si remarquable, dit M. Born, ne doit être attribué ni à l'âge des parents (comme l'auteur l'avait supposé tout d'abord), ni à la température, ni au nombre des larves mises en expérience, mais à un facteur qui agissait également avec une telle énergie dans tous les aquariums, qu'il paralysait toutes les autres influences. Ce facteur était la nourriture anormale que recevaient les têtards (1). »

On remarque, en effet, dans son tableau que l'aquarium XVII, dans lequel un peu de vase avait été accidentellement introduite, le nombre des mâles atteignit précisément la proportion de 28 pour 100;

(1) G. Born, *Untersuchungen über die Entstehung der Geschlechtsunterschiede. Bresl. ärztliche Zeitschrift*, 1881, n° 3 ff.

alors que dans les autres elle varie de 0 à 7 pour 100.

Or, c'est précisément à de telles conclusions que je suis arrivé dans mon mémoire de 1882; ce sont elles aussi qui ressortent des expériences que j'ai faites depuis.

Ces conclusions paraissent conduire à considérer l'œuf fécondé comme non encore sexué et à admettre au contraire que ce n'est qu'à une certaine époque du développement embryonnaire que la glande génitale, primitivement hermaphrodite ou neutre, devient unisexuée par la multiplication exclusive de cellules d'une même nature et l'arrêt de multiplication des cellules de nature opposée.

Après avoir résumé les recherches de Waldeyer, Semper, etc., sur l'origine des produits sexuels chez les animaux vertébrés, M. Balbiani conclut : « L'état hermaphrodite, mâle et femelle, de l'embryon est donc maintenant un fait acquis à la science (1). » Kolliker s'exprime de la manière suivante dans son traité classique d'embryologie : « Sur le côté interne et antérieur des corps de Wolff, en rapport intime avec eux, nait la glande génitale (testicule ou ovaire); celle-ci, autant qu'on sait, est *absolument la même* dans les deux sexes (2). »

(1) Balbiani, *Leçons sur la génération des Vertébrés*, Paris, 1879, p. 12.
(2) Kölliker, *Embryologie*, trad. de Aimé Schneider. Paris, 1882, p. 997.

Enfin, les faits rapportés par Balfour dans son traité d'embryologie, surtout en ce qui concerne les Vertébrés, se résument dans cette phrase : « Tout d'abord, il est impossible de distinguer les cellules germinatives qui deviendront des œufs de celles qui donneront naissance à des spermatozoïdes (1). »

Il y a donc régulièrement un moment de la vie où l'embryon du Vertébré, non encore sexué, est poussé pour ainsi dire à produire, dans son épithélium germinatif, des œufs ou des cellules spermatiques, qui caractériseront dès lors sa glande génitale comme ovaire ou comme testicule.

La cause qui décide la spécialisation dans un sens ou dans l'autre est-elle beaucoup *antérieure* à l'époque où cette spécialisation s'effectue?

Les expériences de M. le prof. Thury le feraient admettre.

Ou bien la cause réside-t-elle dans les conditions nutritives de l'embryon, *au moment même* où son épithélium germinatif commence sa période d'activité? Les expériences de Born et les miennes autoriseraient à admettre cette seconde alternative.

Nous ne pouvons aujourd'hui nous ranger d'une façon exclusive à l'une ou l'autre de ces manières de voir, et nous devons convenir que, dans l'état

(1) F. Balfour, *Traité d'embryologie et d'organogénie comparées*, trad. par Robin et Mocquard. Paris. 1885. t. II, p. 687.

actuel de la science, des causes multiples paraissent agir dans la détermination du sexe.

On admet généralement qu'il n'existe pas de différences fondamentales entre les divers procédés de reproduction que nous offrent les animaux, et que ces procédés procèdent les uns des autres par évolution progressive. Dans une leçon sur ce sujet, M. J. Le Conte a montré (1) comment l'état sexué peut être provenu de l'état asexué, et personne ne met en doute que, dans l'état sexué, l'hermaphrodisme ne soit inférieur à l'unisexualité. Or, il est infiniment probable que, dans les temps géologiques, les êtres unisexués sont descendus d'ancêtres hermaphrodites, c'est-à-dire que les animaux actuels, dont la glande génitale ne produit que des œufs ou des cellules spermatiques, ont eu pour ancêtres des animaux dont la même glande produisait en même temps les deux sortes de cellules reproductrices.

Ne peut-il pas s'être fait que, sous l'influence de telles ou telles conditions nutritives, que l'expérience précisera peut-être un jour, et qui se sont manifestées dans le cours de leur développement phylogénique, des individus de certains groupes zoologiques, d'abord tous semblables et tous hermaphrodites, se soient peu à peu différenciés, les

(1) J. Le Conte, *L'origine des sexes. Revue scientifique,* 1880, 2me série, t. XVIII, p. 770.

uns en mûrissant plus tôt la portion mâle de leur glande hermaphrodite, les autres la portion femelle?

N'assistons-nous pas de nos jours à un tel phénomène? Ne voyons-nous pas des animaux, appartenant à différentes classes, qui, tout en étant hermaphrodites, témoignent d'une tendance vers la spécialisation sexuelle en fonctionnant les uns comme mâles, les autres comme femelles, et se perfectionnent manifestement en divisant ainsi leur travail physiologique? Il est certain que, chez eux, la portion de la glande qui ne mûrit pas ou ne mûrit que tardivement est la moins bien nourrie, ce qui permet de rattacher ce fait au processus nutritif général. Nous pouvons dès lors considérer un ovaire comme une glande hermaphrodite, dont la portion testiculaire s'est atrophiée sous l'influence de conditions nutritives indéterminées, et inversement un testicule comme le résultat du développement exclusif de la portion mâle d'une glande primitivement hermaphrodite.

L'état hermaphrodite, par lequel passent les embryons des animaux unisexués, ne serait alors qu'un exemple de plus à l'appui de la loi biogénétique qui veut que le développement ontogénique soit la répétition abrégée du développement phylogénique, et les cas d'hermaphrodisme, que l'on a constatés dans toutes les classes des animaux vertébrés, particulièrement chez les Poissons et les Amphibiens, devraient être expliqués par l'atavisme.

On me permettra de ne pas insister davantage sur des considérations qui, pour le moment, sont encore grandement hypothétiques, mais auxquelles cependant on ne peut refuser une certaine signification dans la question qui nous occupe.

Si l'on examine le sexe de 100 larves de *Rana esculenta*, prises au hasard dans un marais aux mois de juin ou de juillet, époque à laquelle les têtards achèvent leurs métamorphoses, on rencontre à peu près autant de mâles que de femelles, ces dernières étant cependant toujours un peu plus nombreuses. Voici, à cet égard, trois observations portant sur 3 lots de 100 têtards, puisés dans des marais différents :

	♂		♀
A............	46	....	54
B...........	39	....	61
C...........	44	....	56

Ainsi que je l'ai dit plus haut, la détermination n'est pas facile, c'est pourquoi j'ai dû compléter mes centaines avec des individus dont les glandes étaient suffisamment développées pour ne laisser aucun doute.

Si au contraire on entretient les larves au laboratoire dans des vases où elles reçoivent les soins nécessaires, et qu'après un régime végétal de 10 à 20 jours après l'éclosion, on les nourrisse avec de la viande, on obtient une proportion beaucoup plus forte de femelles. Voici les chiffres obtenus, dans trois nouvelles séries d'expériences, sur 100 têtards transformés dans le courant de juin-juillet :

Viande de grenouille.		Viande de poisson.		Viande de bœuf.	
♂	♀	♂	♀	♂	♀
8	92	19	81	22	78

Ces chiffres me paraissent permettre d'annuler les réserves par lesquelles je terminais mon mémoire de 1882. (Voir plus haut, page 266).

INFLUENCE DE L'EAU SALÉE SUR LE DÉVELOPPEMENT DES LARVES DE GRENOUILLES.

L'influence de l'eau de mer sur les animaux d'eau douce, et vice versa, a été étudiée par plusieurs expérimentateurs, parmi lesquels MM. Félix Plateau (1) et Paul Bert (2) surtout, ont envisagé la question à un point de vue général. On trouvera

(1) F. Plateau, *Recherches physico-chimiques sur les articulés aquatiques.* Mémoire couronné de l'Académie royale de Belgique, 1870, t. XXXVI, et une Note résumant ce mémoire dans *Comptes rendus de l'Académie des sciences de Paris*, 1883, t. XCVII, p. 167.

(2) Paul Bert, *Sur les phénomènes et les causes de la mort des animaux d'eau douce que l'on plonge dans l'eau de mer.*

dans le mémoire de M. Plateau l'historique des mémoires publiés jusqu'alors. Nous ne rappellerons pour le moment que les résultats qui ont été obtenus sur les larves de grenouilles. Un têtard plongé dans de l'eau de mer y meurt ratatiné au bout de 3 à 10 minutes, selon son âge, et les œufs embryonnés n'y éclosent pas. M. Paul Bert a montré que cette mort est le résultat d'une véritable dessiccation, d'une action exosmotique s'effectuant sur toute la surface du corps. « Chez les animaux sans mucus, dit-il, comme les grenouilles, les têtards, etc., l'exosmose a pour conséquence une dessiccation de l'animal, qui périt après avoir perdu un quart à un tiers de son poids. On peut drainer et tuer une grenouille en plongeant simplement une de ses pattes dans l'eau de mer. Ainsi, une anguille adulte, bien intacte, vit très longtemps dans l'eau de mer; mais pour peu qu'on ait essuyé sur quelques points du corps le mucus qui la revêt, elle périt en quelques heures. »

J'ai toujours remarqué, en effet, que les têtards tués de cette manière étaient extraordinairement ratatinés.

D'autre part, il paraît suffisamment établi par les travaux précités, confirmés d'ailleurs par M. H. de Varigny (1), que le chlorure de sodium est, parmi

Comptes rendus de l'Académie des sciences, 1871, p. 381 et 404.

(1) H. de Varigny, *Influence exercée par les principes conte-*

les sels que renferme l'eau de mer, celui qui est le plus nuisible aux animaux d'eau douce, et que, d'une manière générale, les chlorures sont beaucoup plus délétères que les sulfates, dont l'action peut être considérée comme nulle. J'ai eu l'occasion de constater aussi que les têtards de grenouille meurent plus rapidement dans une solution de chlorure de sodium de même densité que l'eau de mer, que dans un même volume de cette dernière. Il en est de même du chlorure de magnésium, quoique celui-ci soit un peu moins actif. Les résultats favorables au premier de ces sels, tels qu'ils ont été publiés par M. de Varigny, proviennent sans doute de ce que cet expérimentateur s'est servi, dans un cas, de solution renfermant 3 gr., 5 et 4 gr. de chlorure de magnésium par litre d'eau, et dans l'autre cas, de solutions de 20 à 25 gr. de chlorure de sodium.

Ces différents faits m'ont engagé à étudier, non l'action de tel ou tel sel marin, pris isolément, sur le développement de la grenouille, mais *des sels de l'eau de mer pris dans leur ensemble*. Pour cela, j'ai évaporé à siccité une quantité suffisante d'eau de la Méditerranée, et j'ai employé le résidu pour la fabrication aux doses voulues des milieux expérimentaux, auxquels les têtards devaient être soumis.

nus dans l'eau de mer sur le développement d'animaux d'eau douce. *Comptes rendus de l'Académie des sciences*, 1883, t. XCVII, p. 54.

Les Batraciens sont particulièrement propices à des expériences de cette nature, ils se rencontrent un peu partout; les pontes, issues d'une même mère et fécondées par un même père, donnent naissance à des jeunes qui, apportant au monde une même somme d'influences héréditaires, et étant en grand nombre, permettent d'établir des comparaisons précises; enfin, par le fait qu'ils constituent dans notre époque géologique un groupe à peu près exclusivement d'eau douce, il serait fort intéressant de constater chez ces animaux les modifications produites par l'eau salée. J'insiste particulièrement sur ce dernier point, qui pourrait être étudié seulement dans certaines occasions, à portée de lagunes ou marais salants, par exemple, car, dans le laboratoire, il n'est pas possible d'élever les grenouilles durant plusieurs générations.

On sait que l'eau de la Méditerranée contient environ 4 pour 100 de sels. Les œufs de grenouille déjà embryonnés n'y éclosent pas et, ainsi que nous l'avons rappelé plus haut, les têtards y meurent dans un temps très court, ne dépassant pas une heure.

Dans une solution de *sels marins* à 1 pour 100, un têtard meurt au bout de quelques heures (j'ai vu une seule fois un gros têtard de 2 1/2 mois résister plus de 24 heures, la moyenne est de 4 à 8 heures pour des têtards de 2 mois); toutefois il s'y adapte si on l'y prépare par un séjour dans une série de solutions à 2, 4, 6, 8 pour 1000.

Mais je n'ai pas réussi à obtenir le développement complet de têtards dans des solutions supérieures à 1 pour 100 de sels marins, alors même qu'ils y avaient été préparés par un séjour dans des solutions plus faibles. Aux doses de 11, 12, ...20 pour 1000, ces sels tuent plus ou moins rapidement les têtards. Jusqu'à la dose de 15 pour 1000, on obtient encore des éclosions, mais les jeunes ne tardent pas à mourir ratatinés.

J'ai suivi le développement de têtards frères, placés en nombre égal (50), vingt-quatre heures après la ponte, dans une série de vases renfermant 2 litres d'eau douce et d'eau contenant 2, 4, 6 et 8 pour 1000 de sels marins. Les conditions de nourriture, d'éclairage, de surface d'aération, etc., étaient identiques pour tous les vases. La température dont M. Paul Bert a reconnu l'influence dans ses expériences, où il a vu les animaux résister d'autant plus longtemps qu'elle était plus basse, la température oscillait entre 12 et 18 degrés.

Deux autres vases, contenant des solutions à 10 et 12 pour 1000, ne m'ont fourni que des résultats négatifs, et cela dans trois séries d'expériences. Il est vrai que, dans un cas, j'ai obtenu la transformation complète de 4 têtards (sur 50) dans une solution à 10 pour 1000, mais ils y avaient été progressivement amenés et avaient passé les deux premiers mois de leur vie dans des solutions inférieures à 8 pour 1000.

Dans les conditions et aux doses de sels que je viens d'indiquer, j'ai toujours vu les têtards se développer d'autant plus lentement que la solution était plus concentrée. La première petite grenouille est apparue, en moyenne, dix-sept jours plus tôt dans l'eau douce que dans l'eau renfermant 8 pour 1000 de sels marins. Les différents stades évolutifs, disparition de branchies externes, apparition des membres, se sont produits avec un retard correspondant. D'ailleurs, des mensurations bi-hebdomadaires (longueur et largeur de 6 têtards pris dans chaque vase) ont constaté la régularité du retard moyen d'autres solutions salées. La mortalité a aussi été plus grande dans ces dernières que dans l'eau douce.

Dans le vase renfermant la solution à 2 pour 1000, la différence ne s'est pas montrée très sensible. Une solution aussi faible n'a pas beaucoup d'influence.

J'ai étudié en outre, concurremment avec l'action des sels, l'influence d'un mouvement de vague sur le développement des têtards. L'appareil employé consiste en une sorte de trembleur, composé d'un plateau suspendu, entretenu jour et nuit dans un mouvement irrégulier d'oscillation, au moyen d'une bielle excentrique mue par un petit moteur Edison, lui-même actionné par une pile Bunsen de grande dimension. Les vases contenant les têtards étaient placés sur le plateau et agités de telle sorte que la surface du liquide était parcourue par des vagues.

Je ferai connaître plus tard, avec la description complète de l'appareil, l'influence d'une telle agitation continue sur le développement de la jeune grenouille. Le mouvement de vague paraît aider le développement des têtards dans l'eau salée, j'ai obtenu en effet des petites grenouilles dans une solution renfermant 12 pour 1000 de sels marins, placée sur le trembleur. Mais l'expérience n'ayant été faite qu'une fois sur un petit nombre d'individus, je n'insiste pas pour le moment sur ce résultat.

FIN.

TABLE DES MATIÈRES.

remonter pour avoir de plus amples renseignements, sont indiquées à la fin de chaque chapitre.

En résumé, le but de ce *Traité*, qui sera composé comme nous venons de l'indiquer, d'une série de monographies anatomiques de types, résumant l'organisation animale tout entière, est de mettre l'étudiant en mesure de questionner méthodiquement la nature pour lui arracher ses secrets. En sortant des écoles préparatoires, le jeune homme doit apprendre à voir, à observer, à faire des expériences, et c'est alors qu'il lui faut des jalons, des points de repère pour suivre une route aussi hérissée de difficultés.

Mais, si le *Traité d'Anatomie comparée pratique* s'adresse, en premier lieu, aux étudiants et aux commençants, il ne sera pas moins utile aux professeurs et aux chefs de travaux chargés d'enseigner la science ou de diriger des laboratoires, car ils y trouveront un résumé de toute l'anatomie comparée et pourront y renvoyer l'étudiant arrêté par une difficulté.

Tome I. Un vol. gr. in-8º de 900 pages, avec 425 figures,
cartonné toile....... **28 francs.**

Le présent ouvrage formera deux volumes grand in-8º. Le second volume est sous presse et sera publié par livraisons de 5 feuilles chacune, avec des gravures intercalées dans le texte. Les cinq premières livraisons du tome II sont en vente.

Prix de chaque livraison......... **2 fr. 50**

━━━━━❦━━━━━

TRAITÉ D'ANATOMIE HUMAINE

Par Carl GEGENBAUR

Professeur d'Anatomie et directeur de l'Institut anatomique de Heidelberg.

TRADUCTION DE LA TROISIÈME ÉDITION ALLEMANDE

Par Charles JULIN

Docteur ès sciences naturelles, chargé du Cours d'Anatomie comparée
et d'anatomie topographique à la Faculté de médecine de Liège.

Un fort volume grand in-8º de 1250 pages, orné de 626 figures,
dont un grand nombre tirées en couleurs.

Prix de l'ouvrage complet, cartonné toile..... **35 francs.**

━━━━━❧━━━━━

9 782013 025126